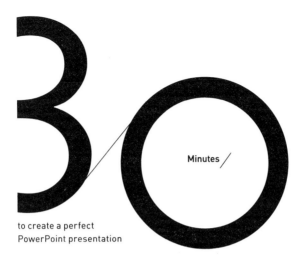

30
Minutes

to create a perfect
PowerPoint presentation

30 分 钟
打造完美
PPT 演讲

U0244620

王世颖
著

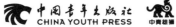中国青年出版社
CHINA YOUTH PRESS 中青雄狮

图书在版编目（CIP）数据

30分钟打造完美PPT演讲 /王世颖著.
— 北京: 中国青年出版社, 2018.1
ISBN 978-7-5153-4984-8
I.①3… II.①王… III.①图形软件–基本知识
IV. ①TP391.412
中国版本图书馆CIP数据核字（2017）第271547号

30分钟打造完美PPT演讲

王世颖 著

出版发行	中国青年出版社	
地　　址：	北京市东四十二条21号	
邮政编码：	100708	
电　　话：	(010)50856188／50856199	
传　　真：	(010)50856111	
企　　划：	北京中青雄狮数码传媒科技有限公司	
策划编辑：	张　鹏	
责任编辑：	张　军	
封面设计：	张旭兴	
印　　刷：	湖南天闻新华印务有限公司	
开　　本：	710 x 1000　1/16	
印　　张：	13.5	
版　　次：	2018年3月北京第1版	
印　　次：	2018年3月第1次印刷	
书　　号：	ISBN 978-7-5153-4984-8	
定　　价：	49.90 元	

本书如有印装质量等问题, 请与本社联系
电话: (010)50856188 / 50856199
读者来信: reader@cypmedia.com
投稿邮箱: author@cypmedia.com
如有其他问题请访问我们的网站: http://www.cypmedia.com

演讲

人生中最重要的 30 分钟

"我就知道埋头苦干，不会在领导面前表现，所以升职加薪这种好事儿总也轮不到我。"

"某某某什么都不会干，就是会吹牛，全靠一张嘴巴爬上高位，真气人。"

人在职场，是不是经常会有这样的抱怨？也许你性格内向，也许你不善言辞，也许你见到领导就手足无措，不知道该说什么。你觉得这样很吃亏，但是不知道该如何改变。其实，职场中有一个制度化的，能让你放开手脚尽情表现自己的环节，如果能把握好这个机会，任何人都可以熠熠发光，这，就是演讲。

要知道，人的一生最多只能交往150到200人，在一个企业内，超过100人的大部门，部门领导就不可能认全所有的下属。他可能知道某个项目做得不错，知道项目的负责人是谁，最多对负责人下面的三、五个骨干人员稍有了解而已。假设你是一名基层技术人员，你对于项目的成败做出了至关重要的贡献，如果你的直属上司没有特别向部门领导提到你，那么你的部门领导可能根本不知道你是谁，你做过什么。

这时候你应该怎么办？冲到部门领导的办公室，告诉他你就是基层的那个技术天才，快给你升职加薪？我想你的情商还不会这么低。你想夸耀自己的能力和业绩，想让更多人知道，更想让部门领导和更大的领导知道，对吧？虽然你嘴上不说，心里一定会这么想。机会有的是，那就是演讲！

演讲是企业中最简便，也是最自然地当众表现自己的方法，一定要把握住。演讲的场合在企业内部有很多：培训交流、项目总结、工作汇报、各种会议中的发言……随便把握住其中的任何一个，都是机会。而且，在我们周围，有相当多的人惧怕演讲，回避演讲，所以，你想为自己争取到一个演讲机会还是比较容易的。

很多人都觉得演讲是件很高端的事情，与自己无关，这么想可就大错特错了。演讲并不仅仅指的是总统就职、产品发布会等那种高规格的演讲，更多的是学习、工作中随处可见的中小型演讲。演讲其实和我们每个人都息息相关，并且在我们的人生中扮演了非常重要的角色，可以说，任何人都离不开演讲。演讲对于一个人职业生涯的意义，比你想象中的要更大。

《现代汉语词典》中对"演讲"这个词的解释是："当众阐述、解说"。这个定义完全不像一般人心目中那样"高大上"。

俗话说"三人成众"。只要你的听众超过了三个人，你对他们阐述一些内容，你在说，他们在听，这其实就是演讲了。小学时作为国旗升旗手的发言是演讲；中学时开运动会，作为运动员代表宣誓也是演讲；大学时论文答辩，当然更是演讲。工作以后，超过三个面试官的面试是演讲；工作总结、工作汇报也是演讲；去客户那里讲解公司产品还是演讲……还有婚礼上的求婚感言、主持会议、接受记者群访等等，都是演讲。

演讲是一种高效率的行为，它能在很短的时间内，让大量的人面对面地迅速接收到你的要表达的内容，从而进一步了解你的观点，并且熟悉和认可你这个人。

演讲也是彰显你自己的个人品牌、扩大知名度的一个重要手段。你做过什么，大多数人都无法看到。你当众说了什么，才是人们了解你做过什么的重要方式，甚至很多时候是唯一的方式。辛辛苦苦工作了一整年，上级领导通过什么来评估你的业绩？当然是年终总结汇报了，这次演讲的重要程度几乎可以和你一年的工作等同，所以你甚至有必要拿出全年工作十分之一的精力来准备这次演讲。

你现在还觉得演讲不重要，演讲和你无关吗？

这本书和市面上所有的关于演讲的书都不相同。

大部分关于演讲的书都高高在上地昂着头，举的例子都是奥巴马、希拉里、周恩来或马丁·路德·金。本来就畏惧演讲的普通人，看到这样高山仰止的例子，自然更没有自信了。想达到或接近这些演讲大师的水平，就算是从现在开始，每天练习一小时，至少也要十年二十年吧？那时候你都老了。而且就算你老了，估计也没什么机会担任总统、总理，或者外交部发言人一类的职位，根本就没有机会进行那样"高大上"的演讲。

这本书可没有像那些普及读物那样不接地气，它重点讲的是和每个人的工作、学习息息相关的，经常发生的，各种不同类型的中小型演讲，而不是那些普通人一辈子也遇不到一次的重大演讲。

其次，这本书不谈口才训练，也不需要你去改变自己。很多关于演讲的书，其核心内容就是口才训练，这种训练和运动减肥一样，一半靠毅力，一半靠天赋，需要耗费大量的时间，还不一定有效果。而这本书则是偏重于那些简单实用的小技巧，让你能够迅速提升演讲效果。不需要花太多时间，1分钟就能学会，立即就能用上，马上能看到成效，不会勉强你做出不符合你个性的改变。

最后，这本书也不是PPT教学，但是会传授一些迅速制作PPT的简单技巧。能让你用30分钟的时间，把一个平庸的PPT改头换面成一个抓人眼球的PPT。书中还有演讲临场发挥的技巧，出现意外状况怎么处理等的小窍门。有了这本书，任何人都可以轻松自如地应对工作中、生活中可能出现的各种演讲。

这是一本简单、实用的书，适合在演讲前临时抱佛脚。只要你看了，学了，用了，任何水平的人都可以给自己的演讲加分，让听众记住你，并对你产生好感。

越是经验少，越要准备好 / 演讲前要做的事

Chapter

1

简单实用的 PPT 秘技 / 半小时搞定

Chapter

2

演讲临场技巧 / 孤独站在这舞台

Chapter

3

八个妙招转败为功 / 出错了怎么办

Chapter

4

Chapter

5

专属技巧 / 不同类型演讲的 人生处处都有演讲

越是经验少，越要准备好

演讲前要做的事

即使是缺乏演讲经验的人，也知道演讲之前要做好充分的准备，但是大部分人并不清楚应该做哪些准备。

很多人所谓的准备，只是把演讲内容逐字逐句地写下来，然后打印出来熟读或者背诵。上台之后，手里拿着稿子，头也不抬地念完，或者磕磕巴巴地背诵，还要时不时低头看下稿子。这种办法的确能帮你把这场演讲应付完，但仅仅只是应付而已。且不说有些类型的演讲根本不可能让你这么办，关键是这种方式的演讲没有人爱听，而且还会让

观众觉得你脑门上写着两个大字——无能。

其实，演讲前要做的准备工作有很多，演讲稿只是其中的一项。每项准备工作做得越充分，就越能给你的演讲加分，即使是只能念稿子的那种演讲，也有可以加分的方法。

充分的准备，可以保证演讲中少出错甚至不出错，更可以提升演讲的效果。你在幕后的认真，直接反映到台前的方方面面，你所有的努力，台下观众都能感受到。

1/1

学会和紧张感和平相处

提起演讲，很多人脑海中涌现的第一个词就是紧张。

因为紧张而恐惧演讲的人非常多，甚至有些人会因此推掉难得的表现机会。下面，我就来跟你说一说关于演讲紧张的秘密，也许这是你以前从没听说过的，也是很多优秀的演讲者从来不会告诉你的。

我每次演讲完毕，从台上走下来，经常会听到有人对我说："你讲得真好，一点都不紧张。"

我在微笑道谢的同时，心里总是偷笑："你其实不知道我有多紧张。"

一个人是不是紧张，演讲观众其实不一定能看得出来，因为他们的注意力并没有放在观察演讲人紧张不紧张上面。一旦我们专注于这一点，我们就会发现，其实绝大部分演讲人或多或少都有点紧张。不信？我们现在来验证一下。

在网上找一段你很欣赏、高水平的、未经剪辑的演讲视频，专家学者的也好，商业领袖的也好，这时候你可能觉得演讲人并没有表现出紧张。

我们把声音关掉再看一遍，留心观察演讲人的动作：拿着演讲稿的手有没有在发抖？空闲的手是不是死死攥成拳头或者紧紧抓住演讲台？腿有没有轻微的抖动或者整场僵直不动？有没有很明显的吞咽动作？尤其是在演讲刚开始或快结束的时候，肢体动作有没有不流畅的停顿？有没有明显的慌乱和失误？会不会在某些段落节奏突然变快或变慢？有没有频繁地触摸自己……这些都是紧张的表现啊！

我们再打开声音看一遍，听一听他的语言：有没有停顿、重复、赘字、语速过快等毛病，这些通常也都是因为紧张造成的。再看表情，眼睛看向斜上方或斜下方，皱眉，嘴角僵硬，频繁眨眼……这些也都意味着紧张。

可以说，只要是人，当众发言都会紧张，只是紧张程度有所差别。演讲不会紧张的人可以说凤毛麟角，有些人看上去不紧张，一方面是因为他能够控制紧张，另一方面也可能是因为他演讲经验丰富，讲得多了，紧张感就淡了。不信？请找一下任何一国的，任何一个领导人的就职演讲和离任演讲，比较一下两者之间紧张感的差异，就可以一目了然地发现，几乎所有人的就职演讲都要比离职演讲更紧张，可见演讲经验对于缓解紧张的重要作用。

对于大多数并不以演讲为工作内容的人来说，通过丰富的经验去缓解紧张似乎有点不现实，很多教人演讲的书籍却都是这么做的，书中要求读者通过大量的练习去缓解紧张，代价实在太高，也不符合我们这本书的调性。下面我要教你的事情很重要，那就是在演讲之前，如何用一些心理学的手段去控制紧张。

① 自我催眠法

首先，要给自己这样一个心理暗示："每个人都会紧张，所以我紧张很正常，没有什么大不了的。"

为了强化这个暗示，你可以找一些名人在公共场合演讲出丑的视频来看，例如摔倒、忘词、掉落东西等，这种视频在网上能找到很多。把这些视频反复多看几遍，你对于紧张造成的后果就没有那么恐惧了。看吧，名人出了这么大的糗，天也没有塌下来，他的人气依然还是那么高。所以，就算你因为紧张而出糗也没什么大不了的，那还有什么可担心的呢？

其次，再给自己一个暗示："没有人会注意到我的紧张。"

我们依然可以用很多小细节去强化这个暗示："演讲台或桌子会挡住我的大部分身体。""我会紧紧抱住笔记本电脑挡住半张脸。""台上灯光很亮，他们根本看不到我的腿在抖。""我的衣服颜色会让我淹没在大屏幕的PPT里面。"……你可以为自己寻找任何一个理由，哪怕是有点荒诞不经的理由都没有关系，只要你能用这个理由不断说服自己就好了。

其实，不仅"没有人注意到你的紧张"，有时候甚至"根本没有人在乎你是谁"。不要觉得自己上了台，演了讲，就成了众人关注的焦点——这话有点残忍，但它的确是事实。

一场大型的会议或论坛，上午和下午加起来总共有十多名演讲人，大部分表现平庸的人根本不会被观众记住。观众首先记住的是那些名气非常大的演讲人，其次是演讲内容非常好的演讲人。至于演讲水平非常高但内容一般的演讲人，通常都很难被人记住。如果你演讲内容非常好，但演讲水平很低，大家则会专注于你的内容，而原谅你的紧张。除非你的表现是整个会议中的倒数第一名，而且犯了很明显的、让大家笑场的错误，那么大家才有可能在会后闲谈的时候提到那件糗事。请注意，是糗事，而不是出糗的人。

"刚才那个演讲人好紧张啊，稿子掉到地上三次。"

"是啊，是啊！太逗了。"

"对了，他是哪个公司的？"

"……哎！想不起来了。"

这时候的对话通常是这样的，人家连你所在的公司都不一定想得起来，更别说记住你的名字。所以完全不用担心。

还有人会说，"我之前某次演讲因为紧张出了状况，现在我有心理压力了怎么办？"其实我也遇到过类似的情况，小学时的某一次红五月歌咏比赛，老师安排我在两段歌词之间插一段朗诵，实际上也算是演讲了吧。虽然只是几句话的事情，但是因为紧张，我在台上突然忘词了。那场面非常尴尬，静默了一段时间之后，配乐的老师弹响了钢琴，大家又开始了合唱，台下的观众甚至并没有发现这次失误是因为我造成的。我在写到这一节的时候，才想起了这件往事，它早已被我尘封在记忆深处了。我都快忘了，我不相信我的同学们还记得，就算他们还记得又怎样？我现在依然能够很自信地把演讲作为我的工作内容之一。

这件事对于我来说完全没有阴影，主要是因为我不会常常想起它。如果你每次上台演讲之前，都会想到以前出糗的一幕，这样就会形成恶性循环，让你更紧张。这时候，你应该用一个正面的回忆取代它！可以是你某次演讲的出色表现；也可以是一张完美的演讲照片；或者是某次从你演讲台上下来时，领导或同事夸赞的话……怎样都好，只要是正能量就行。每次一想到自己以前出糗的情境的时候，千万不要再继续深想了，立刻把那些美好而成功的回忆拿出来，压制它，久而久之，你就不会再想起那次"心理阴影"了。

② 紧张抑制法

既然我们无法消灭紧张，那就只能和紧张感和平共处了。这里有几个小方法你可以尝试一下。

首先是大家都耳熟能详的三个字："深呼吸"。

这三个字听起来有点像感冒时的"多喝热水"一样，是片儿汤话，但是对付紧张，它真的很有效。

上台之前深呼吸，能让你轻松迈开步伐；开口之前深呼吸，能让你顺利发音；在演讲过程中感觉到紧张，立刻停顿一下，同时深呼吸，这样就能很快调整好心态和节奏,重新开始;就算是发生了突发的尴尬状况,还是一样,微微低下头,深呼吸,默数"一、二、三",再抬起头来,你就可以当这个小意外已经翻篇儿,混若无事地继续下去了。

另一个缓解紧张的方法就是"不和观众互动"。虽然这样不能保证最好的演讲效果,但是对于过分紧张的演讲人来说,我们宁可放弃最好的效果,也要保证自己不至于因为紧张而出糗。如果你是照本宣科式的演讲,只要看着稿子朗读就好了。偶尔抬起头来,视线的焦点应该放在整个会场正中心的位置,也就是会场面积的中心点上方,高度的中心点,那个虚空的位置。千万不要看前三排,很多人一看到领导的视线和自己对视,就立刻紧张得手足无措。如果不是宣读式演讲,就自始至终都看着这个虚空点,目光不和观众互动,这样可以避免观众的一些行为对你产生影响,让你忘词,从而产生紧张。在台下的观众看来,视线注视着这个点的时候,你的表情不会显得太呆板,看上去比较自然。视线的落点太高会显得很呆,或者缺乏亲和力,甚至有点像翻白眼;落点太低,又容易受到观众的干扰。

最后一个方法,就是"要把注意力放在咬字和读音上"。让精神高度集中在某个事物上,也是把紧张赶走的一个好方法。如果你有一些口音,或者对于某些字的发音有一点障碍,尤其适合这种方法。说话慢一点,尽可能让每一个字吐字清晰,把关注点放在每一个字上,同时注意聆听从自己体内传来的、自己说话的声音,让自己的说和听形成一个闭环。这有点像老僧入定,把外界的所有一切都屏蔽在自己的结界之外,紧张感当然也无法趁虚而入了。

③ 定点清除法

不同的人都会紧张,但是紧张的表现方式不同。针对不同的表现方式,有不同的处理方法。这些处理方法可能无法让你做到不紧张,但是可以让你看起来不紧张。因为观众只能通过你的外在表现发现你的紧张,如果你能让自己看起来不紧张,那么观众也无从知道你的紧张,就会认为你收放自如,对你演讲的评价也会大大提升。

紧张最常见的外在表现就是发抖。抑制发抖最简单的方法就是尽量遮挡自己的身体。如果有演讲台的话,只要站在演讲台后面就好了。如果没有演讲台,你不得不将整个身体暴露在大家面前的情况下,也有一些小技巧可以使用:裤子和鞋子的颜色应尽量和背景颜色一致,这样就能有效避免台下观众看清你是不是在发抖。尽量减少走动,并且用脚趾用力抓地,同时绷直膝盖,感受腿部后侧传来的拉伸力,这样可以一定程度上缓解腿部颤抖的现象。

如果是手臂容易颤抖，两手抓住演讲台两侧边缘的姿势会比较适合你，这种姿势会让躯干、手臂和演讲台面形成一个放倒的三棱柱形状，能够更稳定地支撑你的身体，同时也会让整个人显得开放而自信。于臂容易发抖的人，最好不要用手拿着稿子来念，因为稿纸的面积比较大，会放大发抖的现象，把稿子放在演讲台上就可以了。如果没有演讲台，又必须拿着稿子或话筒，那么上臂应该尽量夹紧，贴近身体侧面。想象上臂和身体之间夹着一个手机，不能让它掉下来，这样会让手臂更加稳定一些。在这种情况下，演讲稿最好不要用大张的纸，而应该使用有一定厚度，且面积更小的手卡，这样可以减弱颤抖的放大效果。如果会议不提供官方的手卡，可以自己购买或制作，使用手卡会让你显得更专业。

声音的颤抖是比较难以控制的，可以放大音量，吐字清晰，让语速低沉而缓慢，会令颤抖不那么明显。尽量穿得暖和一点，上台之前喝一点热水也会略微缓解声音颤抖的现象。

除了颤抖之外，有些人的紧张还有一些特殊的外在表现，譬如眨眼、抖腿、小动作等。针对这些毛病，也有定点清除的措施，简单来说，就是一个原则：哪里多动，就让哪里不舒服。

如果你一紧张就眨眼，可以粘一对夸张一点的假睫毛，超大超长的，或者上面有亮钻的都可以，总之要比你平常用的更大、更重、更夸张。一方面，这样可以让你的眼睛更突出，更有神；另一方面，也能让的眼睛感觉到略微的不适，这种不适会时刻提醒你不要眨眼，也会让眨眼的动作变得更有阻力，从而减少眨眼的现象。如果你是男士，可以贴一对双眼皮贴，效果是一样的。不要觉得这样做很奇怪，演讲本来就是一件隆重的事情，值得你精心打扮。

如果你一紧张就抖腿，不是那种颤抖，而是有意识地抖动一条腿，像是有条虫子在沿着你的裤管向上爬，而你必须将它抖掉一样。这个动作非常猥琐，是演讲的大忌。怎么办？很简单，找个护腕，套在你会抖的那条腿的脚踝上，如果觉得力道不够大，还可以找一些小而重的东西，放在抖腿一侧的裤兜里面。实在来不及准备的话，把那条腿的鞋带系得很紧，也是一种简便的处理方法。原理也是一样的，让你的那条腿感觉到沉重、不舒服，就会抑制它的动作。

如果你一紧张就喜欢东摸西摸，摸鼻子、托眼镜、摸下巴、摸耳朵、玩弄发梢、捂嘴……，这些小动作会让你显得非常不专业。解决的方法就是找个比较夸张的大戒指，反过来戴，就是把戒面戴在掌心的那一侧。这样，每当你抬手东摸西摸的时候，戒面就会让你感到不舒服，你抬起的手自然就会放下来了。

1/2

逐字式演讲稿OR要点式演讲稿

这一节我们说说演讲稿的准备。

我的演讲经验还是比较丰富的，而且演讲也颇受好评，我演讲的个人风格很明显，那就是从来不准备演讲稿。我演讲的PPT都是自己写，而且写的时候就会注意把要点写清楚，并且想清楚要讲什么。同时，我的PPT页数也非常少，上面全都是最核心的内容。上台之后，我会根据PPT的内容和事先想好的演讲要点自由发挥。这种演讲会显得亲切自然，游刃有余，甚至有时候台下的观众会觉得我在抓现卦。

而我认识的一些演讲高手，恰恰跟我相反，他们会准备非常详细的逐字逐句的演讲稿，并且反复推敲其中的遣词用字，尽量使用读起来最响亮、最有感召力的字词，最简洁有力的句子，甚至包括什么地方该停顿，什么地方该做什么动作，都会在演讲稿中标注得一清二楚。

我觉得这两种演讲方式都没有错，重点是要看使用的场合。

我之前作为公司的发言人经常要对外演讲，而且很多时候都是临时的演讲，没有那么多时间准备，只能以"简单要点+临场发挥"去面对。我进行的演讲多半是公关性质的，也就是半新闻性质的，内容上也不需要过分精益求精，只要能说清楚事实，达到传播的目的即可，所以这种通过要点进行引申的演讲方式非常适合我的工作性质。

而逐字逐句的详细演讲稿更适合那种学术性的、教学性的以及重大事项发布的演讲，譬如总统就职演说、产品发布会等。因为这种演讲有的要求细节精益求精，一个字都不能错；有的要求具有可重复性，不管讲多少次，内容都要保持一致，所以适合花更多时间准备，把每一个细节都写下来。这种演讲稿还有一个好处就是具备可重复性。这个稿子，今天甲来讲，明天乙来讲，两者之间不会有太大区别，而我那种方式则对个人演讲能力要求极高，具有不可替代性，换一个人，可能就完全没有办法讲。

那么，对于演讲新手来说，应该选择哪一种呢？

首先，看演讲性质。如果听众的规格比较高，演讲的场合比较严肃，演讲的内容比较严谨，在这种情况下，比较适合准备逐字逐句的演讲稿，尤其是那种包含大量数据或复杂逻辑关系的演讲内容，更是一定要出"逐字演讲稿"，这样可以避免因一个字的口误，造成整个意思完全反转的情况。除此之外的其他类型演讲，两种演讲稿都适合。

其次，看演讲方式。如果你只能进行照读式演讲或背诵式演讲，那就一定要准备"逐字式演讲稿"。

① 逐字式演讲稿

所谓"逐字式演讲"，就是要把你说的每一个字，每一个动作，每一次停顿都事无巨细地写下来，并且在演讲的时候严格遵照执行。撰写这种演讲稿，最关键的原则就是四个字：越细越好。

准备"逐字式演讲稿"，通常按照这样的格式进行：演讲的内容，也就是你要说的话，用正文体现；你的其他行为，例如需要停顿或者做某些动作，则用括号中的文字体现。尽量多分行，这样便于阅读，而且也不容易发生那种"八点二十发"式的错误，也就是演讲人不小心把括号中的说明文字给读了出来。

对于其他行为的描述，也是越详细越好。例如，如果某个地方需要演讲人停顿，不要简单写（停）或（停顿）。你写得越简单，就越容易引起误读。而是要写（停顿三秒，抬头环视听众），或者（停顿，环视全场，等待掌声，如果没有掌声，可以说"我觉得此处应有掌声"，带动大家鼓掌）。

对于"逐字式演讲稿"来说，不同演讲方式会导致稿件的呈现方式有一定区别。

无论是"照读式演讲"，还是"背诵式演讲"，事先都要经过多次的演练或试讲，在试讲过程中，肯定要对演讲稿做一定程度的修改。如果你采用照读式演讲，应该在演讲前打印好演讲稿的最终修改版，并且熟悉一两遍就可以了。如果你采用的是背诵式演讲，最好在背诵到比较熟练的时候，就打印一版行距比较宽的演讲稿作为最终且唯一的打印稿，在后续的准备过程中都拿着它来背诵，后续所有的修改都使用修正液在行间空白处标注。

为什么要这么做呢？这是因为大多数人在背诵的时候，对内容的记忆是一方面，对位置的记忆是另一方面，很多人会用某个内容在某个位置进行辅助记忆，所以，应该保证内容在稿纸上的位置是固定的。而通常背诵式演讲也会拿着稿子上台，以便忘词儿的时候看一眼。而在演讲过程中，这"看一眼"应该看哪里，大部分人记住的还是这个内容在稿纸上的位置，所以不能一有修改就重新打印一版，这样会让内容的位置错乱。在台上忘词时看稿，但半天找不到对应的内容在哪儿，那就很尴尬了。

还有一点非常重要，一定要引起高度重视，那就是演讲稿自然折行的时候，会不会把一个词折在前后两行的行尾和行首。这样折行容易引起误读、歧义或错误的停顿。如果出现这种情况，应该手动折行进行干预。譬如，"骑射精湛"这个词，如果前三个字"骑射精"位于前一行的行尾，而"湛"字位于下一行的行首，就很容易让人在"精"字后面产生停顿，引起不必要的尴尬。椰树牌椰汁的旧版包装就是这个错误的典型代表："不用椰浆不加香精当生榨"本来是一句很好的广告语，如果进行停顿的话，应该

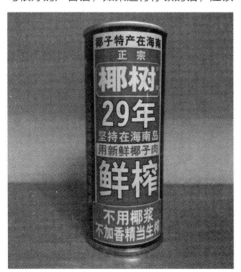

图1-1　椰树椰汁的包装

在"精"字后面做停顿，也就是"不用椰浆不加香精""当生榨"。但是在饮料的包装上却错误地在"椰浆"两个字后面换行了，变成了"不用椰浆""不加香精当生榨"，意思就拧巴了，会让人认为饮料中没有椰浆，而含有香精。如果你是在为领导准备演讲稿，而且领导没有太多时间熟悉演讲内容的话，尤其要注意这一点，切记切记！

② 要点式演讲稿

只要你有能力能够驾驭，除了一些极为正式隆重的场合，大部分场合都适合采用要点式演讲稿，而且这个"要点"的呈现方式也可以多种多样。把要点直接放在PPT页面上展示出来是最简单最常见的方式。做成手卡握在手里也可以，当然，如果演讲场地条件允许，使用提词器也非常方便。

准备要点式演讲稿的时候，可以采取这样的方法：首先拿出一张A4纸，按照起承转合的顺序，写下你要讲的要点；然后再看看每一条要点是否还可以引申出一、二、三、四的细节点，把这些细节点写在要点后面；再后面是各种数据和例子，以及那些用来证明你的观点的内容。

都写下来之后，就可以按照内容多寡，在纸上画几条横线，分出每一页PPT页面的

内容来。再整理一下要点和细节点的文字，让它们更有力、更直观，就可以搬到PPT上面了。

至于那些数据和例子，处理的方式也有很多，可以写在每个PPT页面下方的备注栏中。如果是那种在会议室举行的小型演讲，可以直接设置你面前的电脑中显示PPT备注页，而大屏幕上全屏显示，这样就完全不怕忘词儿了。如果是大型会议或讲座，不方便对主办方的电脑进行设置，则可以使用手卡，或者直接把底稿拿上台。

如果你觉得拿着手卡或稿纸进行演讲不够专业的话，还有一种方法，就是尽可能多地把你的演讲内容都写在PPT上，把PPT当成提词器。为了避免PPT不够美观或者内容太过拥挤，在写法上有一些技巧。有三个方法既可以起到提示的作用，又不会让页面看上去杂乱无章。

第一种方法，把需要提示的内容总结成一个个关键词，用装饰文字的形式植入PPT。譬如，浅灰色的背景上用中灰色的关键词，巧妙地排列，让它们看起来具有一定的装饰效果，像花纹或者水印一般。

图1-2 关键词环绕整个页面，看上去像装饰一样

另一种方法是用很小的字号，密密麻麻写一堆字，形成一个文字块，也能起到不错的装饰作用，而且也很方便地带给你提示，很多婚纱影楼的相册模板都喜欢使用这种方式。还可以把这些文字弄成外文，一方面显得专业，另一方面也会更隐蔽。要注意的一点是，这些字的字号要小，颜色要和背景色接近，这样才能降低它们的存在感。这有点像考试作弊打小抄的感觉，这种方法可以容纳大量文本，页面还会不显得杂乱。

还有一种方法是利用图案或者图标给自己提示，这种方法更含蓄，也更美观。别人如果只看你的PPT的话，根本想不到你要讲什么，这些图标会成为你自己给自己的暗号。

需要注意的一点就是，如果演讲内容中有数据，而你又不擅长记忆和背诵数据的话，请一定要把数据清晰地写在PPT页面上。因为数据是绝对不能错的内容，一旦数据说错，很容易毁掉你整个演讲的可信度，所以，如果不能保证将数据完整无误地背诵下来，那就写出来吧！就算你能背诵下来，我还是建议你把数据写出来，因为数据也不便于听众记忆，可能你刚说完，听众就已经忘了，这样对于他们理解你的观点也会造成困扰，不如直接写出来，让大家都能看到。如果数据非常重要的话，我们还需要使用图表将数据可视化，进一步强调数据，关于这一点如何做，后面的章节会详细讲。

图1-3　文本块作为一个色块，成为构图的一部分

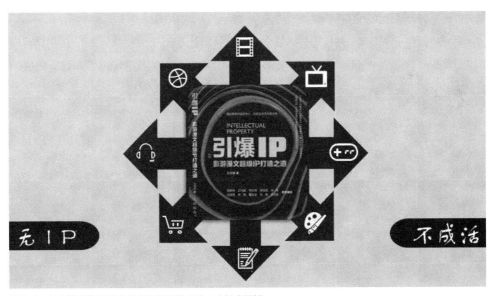

图1-4　每个图标分别代表了文化产业链上的一个细分领域

1/3

试讲，并且录下来反复听

迅速熟悉演讲内容，并提升自己演讲能力的最有效的方法就是试讲。所有演讲前的准备工作中，唯有试讲是多多益善的。即使再有经验的演讲者，面对规格再低，再不重要的演讲，如果不是讲过多次的内容，通常也都是要进行试讲的，更何况那些业余演讲者呢！演讲能力越差，演讲经验越少，越要充分进行试讲。

① 试讲必须出声

试讲必须出声，不仅要出声，而且必须用演讲需要的音量发声。默读是不行的。演讲演讲，这个"讲"字就代表了必须开口。每个人的默读速度，通常比朗读速度和背诵速度要快，那是因为在默读的时候，我们会

不自觉地跳过一些内容和文字，而一旦把所有的文字都读出声，就不会有跳过的现象发生了。

只有用演讲需要的正常音量去试讲，才能够发现演讲中可能出现的问题，以便及时纠正和修改。这其中包括演讲稿内容的问题，演讲时间长度把握的问题，以及发音吐字问题等。所以，试讲的时候，你需要一个相对封闭，不影响他人的环境。公司的会议室，家里单独的房间，或者公园里僻静的角落都可以。

试讲必须尽可能模拟演讲的环境，如果你的演讲是述职或产品介绍，正式演讲的时候是在会议室中坐着讲的，那么试讲也要坐着讲，面前可以摆上你的笔记本电脑。如果你的演讲是产品发布会或研讨会、论坛，那么你就要选择一个相对空旷一点的场所，并且站着讲。躺在床上或者歪在沙发里进行试讲是不合适的，这样的话虽然你同样发

声了，但是整个人的精气神却不一样，从而导致你没有办法真正体会演讲时的感觉，尤其是控场的感觉，这样就不能充分达到试讲的目的。实际上台之后，反而更容易产生紧张感。

② 试讲需要录音

试讲应该像一场真正的演讲那样开始并结束，有开场白，有结束语，而且全程都要录下来。

录音的好处有很多，最明显的一点就是录音有助于发现你演讲中的语言问题。

一般来说，最常见的演讲语言问题就是"赘字"和"吞音"。"赘字"指的是在演讲或说话时出现"嗯……""啊……""这个……""那个……"等语气词，这通常是思路不连贯的表现，如果对演讲内容极为熟悉，就能在一定程度上避免这个问题。还有一种"赘字"类似口头禅，例如"也就是说""所以呢""说实话""其实呢"……这种完全是语言习惯问题，更容易纠正。

"（那……）线上观看人数（实际上）我们已经列于（这个）移动领域的TOP3，（啊，这个、这个、这个）大家（确实可以）看一下，（主要是参与，）到15年的时候，（实际上）我们的（这个）选手已经到了（这个）十六万五千人，（可见，也就是说）电子竞技在前两年的时候（实际上它已经有一个叫，嗯，）已经很受欢迎（了吧），（那）这个概念在2016年的时候（实际上）被很多公司所提出来，（在这块，实际上，）我们公司已经在2014年，（那个）提前两年时间储备这块业务了。"

上面这段话是某位演讲者一次演讲的实录，括号中的话也是演讲者说出来的，但是完全没有必要的内容，也就是"赘字"，我们可以看到，"赘字"的数量几乎跟真正的内容差不多。演讲者自己说的时候可能不觉得，但是一旦录下来播放一遍给自己听，这个问题就会明显暴露出来了。

无论是哪种"赘字"，一个人通常只习惯于一种或两种，上面列举的例子中，"实际上"和"这个"两种"赘字"占据了"赘字"的大部分。把这些字或者词找出来，写在手心上，上台之前看几眼，提醒自己不要说，或者用个记事贴贴在演讲台的电脑键盘上，时不时看一眼，这些都能起到一定的提醒效果。

接下来我们说说"吞音"。如果你不知道"吞音"是什么，可以来北京，坐坐北京的公交车，听听售票员报站名，那简直就是"吞音"大会。例如把"天安门"读成"天门"，"王府井"读成"王五井"，"大栅栏"读成"大扇"，"中央电视台"读成"装垫儿台"等，都是非常常见的"吞音"。

"吞音"是指说话比较快的时候，有些

字的发音会被省掉或和其他字连读。演讲的时候由于过于紧张或者对内容不熟悉，急于把该讲的东西讲完，就很容易出现"吞音"，也就是大脑比嘴皮子更快。纠正"吞音"的方法和第一节消除紧张的方法类似：深呼吸，放慢节奏，把注意力放在每一个字的发音上即可。

试讲时录音还可以帮助你掌握时间。很多大型的会议和沙龙，对于每一个演讲者的演讲时间都会严格控制，时间快到的时候台下会有人不断提示。当然，如果你一定要超时，会议主办方也不会强行将你拖下场，但是这样很容易引发观众的不满，从而降低观众对你演讲的评价。想想上学时老师拖堂的情景吧："同学们，就耽误大家一分钟时间，我把这点儿讲完。"然后呢？根本就不可能是一分钟！这位老师通常会占掉大部分的课间时间，让你来不及上厕所。只要回忆起那时的心情，你应该就不会超时了。

我见到过的最极端的演讲超时情况发生在一次很专业的行业会议上，一个演讲者的演讲内容很水，基本都是广告，又严重超时，而且他还是午餐之前的最后一个演讲者。饿着肚子的观众在一肚子怨气、实在忍无可忍的情况下，自发地爆发出了雷鸣般的掌声。演讲者愕然站在台上，愣了半分钟，当他继续开口的时候，又是一阵掌声，如是三次，演讲者不得不提前终止了演讲，鞠躬下台。

演讲就像女人的裙子——越短越好。虽然不至于在规定时间之前结束，但是严格遵守规定时间是一个演讲者最基本的素质，也是对主办方的尊重。新手演讲者对于自己的演讲时间心里没底，试讲一遍就有把握了，如果时间过长，可以适当考虑删减内容，如果时间偏短，不妨增加一两个例子。

录音还可以帮助你"复习"演讲内容。我经常去外地演讲或讲座，如果这个演讲很重要，且我对内容还不够熟悉，我通常会在家先试讲一遍，并且录下来。在出租车上、飞机上或整个旅途过程中，随时随地都可以拿出来听，一方面可以反复检查自己演讲中的问题，另一方面也可以一遍一遍地熟悉内容，这是个非常高效的方法。

如果有条件的话，还可以为你的试讲录像，尤其是在发布会上演讲，更强调肢体动作和舞台走位，就非常适合录下来，看看自己的动作和内容配合得是否恰当，站立的角度和动作编排是否完美等。如果录像的话，最好能够试穿演讲当天要穿的衣服，看看服装是否得体，是不是过紧，会不会影响动作等。

③ 试讲应该找个听众

很多经验不多的演讲者会有着怯心理，总是不好意思请别人来听自己的试讲，但是对于新手来说，找个听众提提意见是非常有必要的，你最终要面对几十、数百甚至成千上万的观众，越是没有把握，越是要事先找人听听，他们可能会发现很多你自己没有注意到的问题。

听众的介入，可以在试讲的最后阶段。你自己已经试讲过几回，内容也已经千锤百炼，自己听录音、看录像都觉得没问题了，就可以让"听众"入场了。

"听众"可以是亲人朋友，也可以是同事同行，最好是关系比较近，没有利益冲突，又有一些演讲经验的人，这样你才能获得更多有价值的意见。一切都和正式的演讲一模一样，唯一的区别是，你只有一个听众。听众的数量贵精不贵多，一个人是最合适的。如果你希望多几个听众，最好分别针对不同的人，一人试讲一次。这样也可以避免不同人的意见相互之间产生干扰。

对待听众的意见，要虚心听取，区别接受。先把听众所提的意见都记录下来，然后做一个分类：你认为对的，且容易改的，立刻就改；你认为对的，但不容易改的，尽量改正；你认为不对的，且容易改的，可以和对方讨论一下，亮出自己的意见，和对方的意见做个碰撞，再决定是不是要改；而你认为不对，又不容易改的，就可以扔到一边了。毕竟我们要做的是迅速完成一个相对优质的演讲，太耗时间的动作不属于我们的规定动作。

④ 试讲自检手册

下面把试讲要解决的问题做个列表，大家可以对照这个列表一项一项地检查一遍。

内容

整体内容有无偏差？是否符合演讲主题要求？内容主次详略是否得当？先后逻辑顺序是否合理？内容的表达是否清晰明了？是否有描述过于简略，让观众难以理解的地方？是否照顾到了观众的专业水平和理解能力？

数据是否准确？

例子是否得当？有没有爆点？如果流于平庸，是否有更合适的例子取代它？

有没有违反公序良俗的，会令人感到不适的内容？有没有会得罪人的负面内容？

语言

演讲的时间长度是否合适？

语速是否适当？会不会过快或者过慢？

语言和情绪是否具有感召力？

音量大小是否合适？

遣词用句是否适宜得当？有没有过于冷僻或者容易引起歧义的字词和成语？

动作

站姿是否挺拔？

动作设计是否合理？动作是否过于频繁从而扰乱了观众注意力？

有没有不适宜的小动作？

1/4

彩排与踩台

试讲的下一阶段就是彩排与踩台，但并不是所有的演讲都需要有这样一个环节。年终工作汇报不可能有彩排，而去甲方公司讲标也不可能让你踩台。彩排和踩台只可能出现在发布会、表彰会、演出等重要场合。通常听众人数比较多，且流程复杂，需要很多人的配合。

彩排和踩台的意思差不多，彩排更侧重技术和流程的整合，侧重人与人之间的配合，基本上就是正式演讲之前的全流程预演。而踩台相对简单很多，更侧重人与空间的配合，过程也没有那么复杂，一个人也能完成。

从本质上说，演讲就是一场表演，惟其如此，才需要有彩排和踩台。下面我们先从简单的踩台说起。

① 踩台怎么踩

任何重要的演讲，如果主办方不安排彩排的话，演讲者最好能在演讲之前，找到几分钟的空隙，为自己做一下踩台。时间可以安排在整个会议开始之前，头一天或者当天稍早一点的时间都很合适。踩台的方法很简单，来到演讲场地，按照下面的一、二、三，三步走，几分钟就可以完成。

第一步，从你的座位走上台，走到演讲位置。

这一环节需要注意以下几点，首先看看从座位上站起到走到主通路的过程是否顺畅？你从左边出去还是从右边出去比较合适？座位之间的间距是否过小？衣服会不会扫到后排桌子上的杯子一类的物件？

其次注意一下上台的台阶，台阶位置在

左侧、右侧、还是中间？或者几处地方都有？台阶的稳固性如何？如果你是穿着细高跟的女士或者腿脚不利落的老人，还要注意一下台阶的高度、宽度和结实程度。如果有几处台阶可以选择的话，尽量选择台阶较宽、高度较低的那一个。尤其是有时候可能遇到搭建不太规范的舞台，台阶的宽度非常窄，甚至小于一般人脚掌的长度，如果穿高跟鞋的话，就要把脚侧过来小心地上下，否则一脚踏空很容易受伤。同时也要注意台面和台阶是不是过滑，如果过滑的话，可以在鞋底粘贴防滑贴或者换双鞋，如果条件不允许，只能自己小心再小心。

第二步，站在演讲位置。

首先要注意一下演讲台高度以及台面上的装饰。通常演讲台上会有鲜花装饰。要看看鲜花是不是过高？会不会将你的脸都遮挡住？如果是这样的话，可以和会议主办方沟通一下，要求准备脚踏，或者演讲的时候站出来一点，靠在演讲台的侧面。

如果是固定话筒的话，再看一下话筒的位置和高度是否合理，试着调整一下话筒高度和角度，保证自己能够很自然地对着话筒讲话，不用弯腰驼背去迁就话筒，也不用踮起脚尖去够话筒，记住这个高度，以便正式演讲的时候能够迅速调整好话筒。设计好自己的站立位置之后，如果可以的话，最好能试一下话筒的声音，看看是否正常。

然后再确认一下你在哪里可以看到PPT的内容，是演讲台上有电脑，还是舞台前方

有提词器，或者是什么都没有，你只能侧过身来，扭头去看大屏幕上显示的PPT？这一点很重要，一定要事先确认好，以便做到心中有数。

确认好自己演讲的站立位置之后，请站在那里，注视台下，停留半分钟，感受一下会场的气场。这一点对于第一次演讲的人，或者第一次面对大场面演讲的人非常重要。不同的会场大小，不同的观众人数，甚至不同的会场空间构成，给予人的压迫感是不同的。有些演讲人面对小规模的演讲不紧张，但是只要听众超过几百人，就会紧张得说不出话来。

我认识一个人，销售出身，是个非常善于演讲、很有煽动力的人，平常在公司面对几百上千人进行演讲都游刃有余。但是他告诉我，他第一次在体育馆开发布会，面对超过万名观众演讲的时候，他的腿抖个不停，几乎不会迈步。踩台最重要的目的就是这30秒，此时感受一下场地给你的压力，上台之后就能做到心里不慌，从而能在很大程度上缓解紧张。

如果是没有演讲台的演讲，可能需要你在舞台中央附近走动几步，这时候你需要找到舞台正中央的位置。如果主办方没有贴标志的话，自己找一个标志物来记住它就好了，通常是一盏灯，或者下台阶的中心。这时候要注意，有些时候根据设计需要，搭建在舞台前方的台阶不一定位于舞台正中央，不要想当然。如果在台上无法确定的

话，可以下台后再确认一下。

再来注意一下灯光，是否会特别刺眼，或者特别昏暗？如果觉得灯光不舒服，例如某盏灯刚好直射你的眼睛，可以和主办方反映一下，通常可以进行调整。如果有追光，也要和主办方确认一下追光的范围，演讲时要在范围内活动，不要出圈。

第三步，下台。

这一步和第一步大体相同，没有什么特别需要注意的地方。如果主办方没有要求的话，你可以选择和上台一样的路线下台，或者选择最近的路线，不需要过于纠结。

走完了这三步，踩台的工作就结束了，是不是很简单？这只是你一个人的战斗，全程都不需要和别人的配合，只要熟悉一下场地就好了。但是别看这简单的几分钟，它可以很大程度上减轻你正式上台后的紧张感，也可以避免一些意外状况的发生，总之，踩过台的演讲人会更自如，也会更自信。

② 彩排怎么排

彩排通常是由会议主办方来主持的。对于会议的主办方来说，彩排要比踩台复杂得多，但对于单个演讲人来说，彩排甚至要比踩台简单。因为彩排是大家协同工作，你只要服从命令听指挥，叫干嘛就干嘛，把整个流程顺下来就可以了。

具体到你个人，彩排需要注意的事项和踩台差不多。可能唯一不一样的是，在彩排中遇到任何微小的问题，你都应该及时地大声指出来，并且争取当场解决。因为彩排时主办方所有的人都在，这是正式演讲前最高效的环节之一，有什么问题尽管说，不要不好意思。如果主办方没有解决或者没有办法解决，那是他们的问题，但是如果不提出来，那就是你自己的问题了。

彩排应该特别注意是你和他人之间的配合，例如和主持人之间的配合；如果有颁奖、领奖或抽奖，需要跟礼仪、获奖人或颁奖人配合；如果是发布会，可能有签约仪式或产品展示环节，需要和其他工作人员配合；如果是圆桌论坛，需要和主持人及其他参与者配合；如果有其他声、光、电效果或者现场表演，需要配合的地方就更多了。所以，在配合方面，有任何不清楚的地方，一定要当场问清楚，譬如两个颁奖人给十个人颁奖，怎样分配？一个人从左边颁起，一个人从右边颁起？还是两个人一起，一个递证书，一个递奖杯？通常会出现这种疑问都是主办方的失误，没有想得这么全面，没有进行安排，所以不要不好意思提，你这是在帮助主办方查漏补缺，他们会感激你的。通常情况下，在彩排中你只要提出问题，都能及时获得解决，就算无法解决，你也能获得明确的解答。

最常见的配合就是和主持人之间的配合了，一般来说，演讲者上台之前，主持人都会对演讲者做一番介绍，如果介绍词当中有些内容你觉得不恰当或者有错误，一定要及时指出，如果你觉得介绍词过于简单或偏颇，也可以要求修改。如果演讲过程中有和主持人之间的互动环节，譬如获奖感言一类的，一定要事先沟通好对话的大概内容。如果你是个容易紧张，又没有经验的内向演讲者，事先要开诚布公地和主持人说明这一情况，要求主持人千万不要过多地调侃自己或问一些尖锐的问题。当然，优秀的、有经验的主持人通常会非常善于发现演讲人的弱点，帮演讲人圆场，但是，你作为演讲人，千万不要把自己的舞台表现效果过多地寄托在别人的能力之上，提前说明情况，就可以避免临场的尴尬。

如果是大型会议的彩排，这时候你可能会了解到其他演讲人的发言内容，如果发现有人的观点和你的观点严重冲突，那可是个非常糟糕的情况。如果你确信你的能力可以对对方做全方位的碾压，可以立即调整你的演讲内容，和他正面交锋，这也算是个一战成名的好机会。

如果对方发言在你之前，就以驳斥他为主，如果对方发言在你之后，你可以提前曝出他的观点，同时证伪即可。如果你没有这个自信和能力，或者不想因此而得罪人，可以要求主办方调整演讲顺序，将你们两个错开，这样就会很大程度上避免尴尬，能分成上下午分别演讲最好，如果不能，中间最好也多隔几个演讲人。

除了人与人之间的配合之外，彩排比踩台多出来的环节，主要是一些流程设计。譬如说上台之前有灯光减暗、音乐响起的环节。这时候就更要熟悉一下路线和台阶，避免踩空。或者是宣布获奖人名字之前有几秒钟的音效和灯光效果，要记清楚环节，避免抢话。如果是签约仪式的话，可能会有一些巧妙的特殊设计或道具，比如拔剑啊、点灯啊、倒酒啊、按开关啊、砸金蛋啊等等，听现场指挥的安排，并记清楚自己要做什么即可。

1/5

如何精准控制演讲时间

"绅士的演讲应该像女人的裙子，越短越迷人。"说这句话的林语堂先生，自然是深谙演讲之道的。对于广大观众来说，这句话自然也是绝对的真理。可是同样一个人，在台下听演讲的时候，总是希望演讲越短越好，轮到他上得台来，想法立刻发生180°大转弯，讲起来往往滔滔不绝、一发不可收拾，总也刹不住车。

这种现象很容易理解，人总是有强烈的发表欲望，即使是拿演讲当工作，隔三差五就演讲的人，一旦上了台，也总会忍不住多说几句，更何况那些难得演讲一次的人了。但是，遵守演讲时间，不仅仅是对主办方的尊重，也是对台下观众的尊重，更是对在你之后上台的演讲者的尊重，这是演讲最基本的礼仪之一。

在很多会议上，经常看到有些演讲者严重超时，无视主办方的多次提醒，依然在台上口沫横飞，导致的结果无非是这样几

种，整个会议的议程被大幅度拖延，很多观众纷纷退场，导致最后几个上台的演讲人面对一半空椅子开始自己的演讲。或者是主办方删减了后面的一些环节，譬如圆桌论坛不做了，最终大奖不抽了等等。更有甚者，主办方无奈通知后面的演讲者，请求每个人尽量缩短三五分钟，以保证整体议程能按时完成。可以说，演讲拖延时间，是商务活动中最最拉仇恨的行为，没有之一。

如果有一些高规格的论坛，曾经邀请你参加过一次演讲，但是后来再也不邀请你了，你可能要反思一下，是不是你曾经严重超时，上了主办方的黑名单。

任何一个软件的开发过程总会延期，只是延期的多少有所不同，如果某个软件的开发过程没有延期，那一定是太阳从西边出来了。我在游戏行业工作了将近二十年，从没见过一款游戏是提前完成的，甚至按时完成的也很少。演讲的情况也差不多，在规定时

间之前结束的寥寥无几，就算有，也很可能只是一场失败的演讲，演讲者忘词儿或者因为某些因素影响说不下去而草草结束。但是，能够准时完成的演讲则很常见。例如很多教学性质的演讲，对时间要求非常严格，大部分有经验的演讲者都能精准地控制演讲时间。演讲和软件开发的最大不同之处在于，软件开发的功能都是既定的，随着开发进程的推进，功能只会越来越多，越来越复杂，很少能遇到删减功能的情形；而演讲的内容是你自己确定的，你可以随时对内容进行增删，即使人在台上的时候也可以。

精准控制演讲时间，有很多简单可行的方法。

① 通过试讲掌控时间

前面的章节提到过试讲要记录时间，作为正式演讲的时间参照。把每次试讲的时间平均起来，基本上就可以做到心中有数了，即使有偏差，偏差也在一两分钟之内，属于观众和会议主办方都能容忍的范围。

如果在试讲过程中，发现演讲的时间长度远远超出规定时长怎么办？这时候你需要再度梳理你的演讲内容，如果有哪些环节是可有可无的，那就删掉；论证某个观点用了一个以上的例子，那就减为一个；再看看是

不是有某些内容非常浅显易懂，而你却用了大量的篇幅去说明？那就精简一下。如果还是超时，可能就需要从整体上审视你要讲的内容，看看有没有哪个大章节是可以减掉或者是精简为一页PPT的。这一番动作下来，基本上就可以让你的演讲达标了，做减法总比做加法容易。

如果你发现试讲的时间长度远远少于规定时间怎么办？如果只是少一两分钟，你可以不管，演讲越短越绅士，不是吗？如果少的时间比较多，那么就交给你的试讲听众一个任务，询问他们："我哪些地方讲得不够细致，不够清楚？"不同听众掌握的专业知识不同，对演讲内容的理解程度也不同，所以他们挑出的"不细致"、"不清楚"的地方也会有所不同，把几个人的意见汇总起来，就可以找到好几个这样的问题点，把这些地方掰开揉碎讲透，时间长度自然就拉长了，演讲效果也会更好。这种情况下不建议大幅度修改演讲内容或者增加内容容量，只要把现有的内容说得更透就好。

② 通过设置灵活内容调控时间

什么是灵活内容呢？就是例子。

我们去论述、说明一件事，总离不开例子。理论是枯燥的，而例子是鲜活的，很多

时候，一个好的例子，能成就一场好的演讲。当然，在学术性专业性演讲场合，这种灵活内容是例子，在娱乐性演讲场合，这种灵活内容就是梗，性质都是一样的。

很多人在紧张和压力下语速会变快，而另一部分人则相反，会语速变慢，磕磕巴巴。因此，正式演讲所用的时间，总会和试讲有一定差距。这时候，就要预留出一两个可讲可不讲的例子，如果时间过短，就把它们讲出来，如果已经超时，就把它们删掉。

这种灵活内容的设置，也是有讲究的，试讲的时候要记录下演讲的中点位置，也就是说，如果演讲时间是30分钟，你在15分钟的时候讲到哪里了，就在哪里做个标记，这是你演讲内容的中间点。而所谓的灵活内容，则要设置在这个中间点后面。正式演讲开始之后，当你讲到中间点的时候，要看一下时间，如果时间已经过半，最终很可能会超时，这时候你就应该砍掉这个设置在后半程的灵活内容，如果讲到中间点，时间尚未过半，说明你讲得偏快了，这时候就应该略微放慢后半段的速度，并增加这个灵活设置的内容。

如果某场演讲对时间要求极为严格，你还可以进一步切分四分之一时间点和四分之三时间点，前面慢了，后面就适当加快，前面快了，后面就适当放缓，这样就能更精准地控制时间了。

③ 临场控制时间

有时候，某些演讲你没有时间准备，没有经过试讲，不知不觉讲到了超时；或者是别人准备的PPT，你还没来得及熟悉，实际讲起来才发现内容过多；再或者是讲到中途，你发现听众要听的和你讲的不是一回事，主题理解上出现了偏差，需要及时做出调整，这种情况经常出现在讲标的场合。这时候，你需要紧急刹车。

记得有一次参加一个IP（intellectual property知识产权的缩写）方面的会议，有一个演讲者没有专门准备资料，而是使用了公司介绍PPT，那个PPT每页上密密麻麻都是字，一共有几十页，逐一介绍这家公司每个产品的内容。这样的演讲内容在这个会议上本来就是不适宜的，而演讲者事先也没有做任何准备，在现场只是把PPT上的字一个一个念出来。当她念到不足四分之一内容的时候，时间就已经到了，她依然逐字逐句地念下去，只是加快了语速。礼仪小姐多次举牌提醒，看得出演讲者也很着急，但是她却像傻掉了一样，不知道怎么尽快结束这场演讲。台下不满的声音渐渐响起，甚至有人声音不小地说"赶紧跳过去啊，是不是傻？"这样的话。

很多人都是这样，一旦上台，就像被编好程序的机器人，不知道怎么灵活应对意外状况。其实处理这种状况很简单，后面的那些页面，你只要念出标题和产品名称就好了，几十页PPT，两分钟就可以读完，虽然效果不好，但是却不至于尴尬到下不来台。

我还见过一些经验丰富的演讲人，出席任何场合的演讲都是一套PPT，他们根据不同会议的时间及主题要求，重点讲其中几页，剩下的页面有技巧地跳过去。

"这几页是我和清华合作的一个项目，里面有一些数据，大家看看就好。"

"时间有限，这一部分我就不展开了，感兴趣的朋友可以会后找我要PPT，也可以去买我的书，关于这一点，我的书里面有详细的分析。"

"这是2016年的产业调查报告，大家有兴趣的话可以拍一下。"

你看，很多时候就是一句话的事情，既能快速跳过PPT，又能顺便抬一下自己，何乐而不为呢？

1/6

演讲应该穿什么

商务场合的着装，是一门学问，值得用一本书的篇幅去写。当然，在这本书当中，我们不能喧宾夺主，所以只能重点讲讲演讲时着装需要特别注意的地方。

① 正式一点 不会错

在绝大多数商务场合，穿得正式一点总比穿得随便一点更得体。无论是公司内部的工作总结，还是接受媒体采访，或者商务洽谈，以及培训或授课，这一原则都适用。只有一点例外，那就是在某些私人宴请上，如果你穿得比男女主人隆重太多，则会让主人感到尴尬。

对于男士来说，所谓的"正式"非常简单：西装、领带、衬衫这三样永远不会错。

对于女士来说，情况则要复杂很多，一个比较通用的原则就是，如果你的演讲面对的是公司内部的人，那么你就应该选择你日常上班着装中最正式的那一套服装。如果你的演讲面对的是行业内部的人，按照高规格行业活动的平均着装正式程度再略微正式一点，就比较得体。如果你面对的是其他行业的人，则一定要穿着比较符合对方行业着装规范的服装。例如，程序员们习惯穿格子衬衫配牛仔裤，但是如果程序员去银行谈贷款，最好还是换上西装，因为银行业大多数情况下都穿西装。如果你面对的群体比较复杂，譬如产品发布会、参加综艺节目、跨行业的酒会等，最好按照活动的需求进行着装，可以参考一下该活动以前几期的照片，或类似活动的照片，基本上就能做到心里有数了。如果找不到这样的参照，还可以根据活动场地的类型和档次进行判断，在酒吧或艺术区进行的活动，可以穿得休闲一点，而在高档酒店进行的活动，则要穿得正式一点。

如果还是担心自己的着装过于正式或者过于随便怎么办？可以为自己的服装设计一些灵活度。

男士将西装脱掉拿在手里，把领带摘下放进公文包，把衬衫的第一个扣子解开，卷起袖子，就可以让自己显得不那么正式了。而女士脱掉西装，露出里面的针织衫、连衣裙或非正装衬衫，也有同样的效果。

对于男士来说，除了西装之外，大部分不太廉价且比较有设计感的非运动类男装，只要有九成新以上，都能很好地打造半正式的感觉，可以应付多种场合，而且更出位，更能抓人眼球。如果担心过于正式，可以选择这类服装。

对于女士来说，连衣裙加小西装的搭配，则是可以应付任何场合的绝配，穿上西装显得正式而职业，脱下西装显得高雅而得体。如果是参加宴会、酒会一类的场合，担心自己的服装不够正式，还可以准备一件华丽的外披或一条夸张的项链放在包里，根据需要拿出来穿戴上即可。

② 干净清爽 最得体

所谓"干净"，指的不是你的衣服是否干净，台下的观众也根本看不出你的衣服是

否很长时间没洗，有没有油渍等。当然，穿着干净的衣服是基本的商务礼仪，这一点没有错，但这不是我们现在要讨论的重点。

所谓"干净"，是指你整个人看上去有种清爽利落的感觉。头发要梳得一丝不苟，妆容要整洁雅致，穿什么衣服也有讲究。穿不好，即使是崭新的衣服，也会显得整个人很邋遢。

首先，全身上下的颜色不要超过三种，而且这三种颜色当中要有一种主要色，一种次要色，一种点睛色，三者所占的面积依次减少，大约是100:10:1的关系，可以简单类比为西服套装、衬衫、领带。如果你一定要穿格子衬衫，首先格子的颜色不要超过三种，下装和鞋子的颜色就要和这三种颜色中的一种颜色一致。过于凌乱的颜色会侵蚀掉你整个人的轮廓，降低你的存在感，而且也会让人觉得你缺乏专业度，没有逻辑。

其次，高纯度或高明度的颜色会让人显得有精神，也让人感觉你的观点是明晰、准确的，非常适合在大型会议中作为着装的次要色或点睛色，如果是女性的话，作为主要色也可以。而低纯度或低明度的颜色会让人觉得有亲和力，没有侵略性，更适合谈判类的，需要增进双方关系的小型演讲。

最后，合体的较为紧身的服装会让你显得更专业而干练，而松松垮垮的袍子、流苏披肩、哈伦裤等则会降低你的可信度，给人以邋遢和不自信的感觉。

图1-5　马云的身材和相貌都不算佳，但合适的着装
　　　　让他显得挺拔

　　如果你实在不知道应该怎么穿，或者在两套衣服之间犹豫不决，请记住一个原则：穿得越少，显得越清爽，选择比较薄，比较不臃肿的那套衣服准没错。

　　运动服、冲锋衣、毛绒质感的服装和粗线编织的宽松针织衫，在绝大多数演讲场合都是不适合的。运动鞋还稍微好一点，如果搭配牛仔裤打造休闲风格的话可以尝试。戴帽子通常也是比较不得体的行为，会让别人觉得你在遮掩什么。即使天气再热，也不要穿短裤和凉鞋。T恤和帽衫以及其他休闲装在不太正式的演讲场合是可以接受的。

③ 你想藏起来，
　　还是刷存在

　　不同的人，在不同的演讲场合，都有不同的需求。有些时候，演讲对于某个人是一次求之不得的表现机会，譬如在重要的行业论坛上发言。但有些时候，演讲对于某个人则是一次难捱的酷刑，譬如业绩不佳的那一年的工作总结汇报。不同的需求，有着不同的着装原则。

　　如果你因为演讲水平不佳，演讲内容单薄，或者没有充分的准备等原因，希望草草结束这次演讲，最好让所有的人都注意不到你。那么你就应该让自己融入背景。这时候，全身上下最好统一成一个颜色，或者选择两个比较相近的颜色，米色、灰色、黑色、褐色、藏蓝等百搭色是最好的选择，服装式样也应该尽量简单。这方面可以参考各级官员的着装。

　　在很多大型会议上，背景通常都是黑色的，大屏幕上展示面积最大的是PPT的底色，这时候最隐形的服装搭配就是下装和鞋子选黑色，上装接近PPT的底色，颜色不要太纯，偏灰一点最好。你会发现，这样会让你的存在感降到最低。

　　大多数情况下，我们还是希望自己的演讲能够取得成功，让大部分人注意到你出色表现的。这时就要采取引人注目的穿衣原则。浓烈、鲜艳的颜色具有很高的视觉冲击力，容易让人记住你，特别适合在公众场合刷存在。对于男士来说，穿一件艳色西装可能并不合适，而艳色领带又不够出位，最好的选择是穿一件艳色的衬衫。对于女士来说，颜色鲜艳的套装、连衣裙都是很好的选择，比起纯色、碎花和大花更能抓人眼球，只要不是过于俗艳就好。对比强烈的格子和条纹相对来说不那么合适，一方面如果搭配不好会显得随意或老派，另一方面又容易在大屏幕的光线下让人觉得眼晕，让观众不敢看你，反而失去了凸显自己的作用。

想要让自己更醒目，就要增大体积感。增大体积感的不二法门就是让你的着装在色彩上更完整，上装和下装选取同一颜色是最好的选择，同色的套装或者连衣裙都好。而上下身颜色差别很大则会产生切割感，让人不够醒目。尤其是在演讲的时候，如果上装和下装的交界线恰好和大屏幕与背景的交界线重叠，会让你显得像下半身被锯掉了一样滑稽。在背景色通常是黑色的大型会议上，要想凸显自己，下装就要避免黑色。

"万绿丛中一点红"的原则也是搏出位的好方法。女性应该尽量穿得鲜艳一些，在男性比较多的场合会更加引人注目，不要穿男性常穿的黑、灰、蓝、米色系的衣服，鲜艳的暖色会更适合你。此外，在服装颜色的选择上，可以尽量与众不同。例如在年会或新年酒会上，大多数人习惯于穿着红色系的衣服，这时候如果你穿上黄色系或蓝、绿色系的衣服，则会让你更显眼，更突出。

④ 上半身最重要

演讲的时候，话是从嘴里说出来的，大量的肢体动作也集中在手臂上，因此，观众的视线通常投射到你的上半身，于是，上半身的着装也就成了重中之重。

在心理学上，有一种姿势叫"托盘式姿势"，代表了诚意和仰慕，是非常抓人眼球而又能增加好感度的姿势。这个姿势就是双手交叠，肘部支撑在桌面上，用交叠的手背托住下巴。这时候双手构成了一个"托盘"，而你的面部就成为了"祭品"或"礼物"。这个姿势的要点就是保持头部周围清爽，清晰完整地勾勒出整张脸的轮廓。

我们可以通过服装和服饰去打造类似"托盘式姿势"的外观，以博取好感。利落的发型、小巧的耳饰都可以让面部轮廓清晰，而适当的领子形状则更能强化这一点，系着领带的衬衫、紧致的半高领衫和中式立领最能体现这一原则。所以很多商业领袖在演讲的时候，不是穿传统的西装衬衫，就是穿乔布斯式的半高领衫。对于女性来说，盘发和颈部的小方巾也能实现同样的效果，这就是很多高端服务行业采取类似造型的原因。如果你的颈部过短，圆领和小V领也是不错的选择。

最好不要让任何东西破坏和遮挡你下颌及颈部的线条，把Polo衫的领子立起来，被誉为城乡接合部土到爆的"时尚"，这是绝对要避免的造型。夸张的短项链最好也不要戴。帽衫会让肩颈部的线条杂乱，最好不要穿。高领或者堆堆领的套头衫最好不要选择，半高领才更为适合。

如果话筒条件允许的话，把话筒稍微放低一点，不要让它遮挡住你的下颌。你嘴部的遮挡越少，说出来的话就会越让观众觉得可信。还要注意的一点就是，千万不要像唱卡拉OK一样拿话筒，也就是把话筒的尾部翘起来，这样显得很不庄重。正确的执拿话筒的方式应该是话筒基本和地面垂直。

有些会议会要求演讲人佩戴胸牌，这种情况下，大V领的衣服就不那么适合了，领子和胸牌带子纠结在一起，会让你的胸前线条显得非常杂乱。而胸牌和圆领套头衫几乎是绝配，两者取长补短，会让你显得挺拔。有些会议则要求演讲者佩戴胸花，如果你个子比较矮，可以把胸花的位置戴得更高，更靠近肩部，这样会显得身材高一些。此外，胸花也可以在一定程度上吸引视线，让观众忽略你的面部小动作，如果你一紧张就喜欢眨眼或者翻白眼的话，可以把胸花戴在另一侧以吸引视线，这样就能让观众忽略你的表情瑕疵了。如果官方不提供胸花，有需要的话，自己戴一个也是可以的。

图1-6　演讲中的乔布斯，每次都穿着标志性的半高领衫

半小时搞定 / 简单实用的 PPT 秘技

"嗨，再往里边再看喽，

大清往上那是大明，

大明坐了十六帝，

末帝崇祯不得太平，

三年旱来三年涝，

米贵如珠价往上边升。

有钱的人家卖骡马，

无钱的人家卖儿童。

黎民百姓就遭了涂炭啊，

这才出了一位英雄叫李自成，哎——"

带有PPT的演讲？那都是咱老祖宗玩儿剩下的，这拉洋片就是典型的PPT演讲。你看这洋片是不是一页一页翻动的PPT？拉洋片的是不是演讲人？那些撅着屁股看洋片

的则是观众啦。虽然用户体验差点儿，但是人家舞台效果好啊，要灯光有灯光，要动画有动画，而且一人一个头显式设备，互不干扰，有点儿低端VR的意思呢！而且拉洋片的连说带唱，才艺比一般的演讲人不知道高到哪里去了。

你看，连清末的说唱艺人都知道光靠说唱吸引不来更多的用户，自己也不是靠脸吃饭的小鲜肉，所以就想出了这么个办法。咱长得不好，可咱有图啊，您别看咱长相，看图就好了嘛！由此可见图像对于演讲的重要意义。

所以，这一章咱们就重点讲讲对于演讲至关重要的视觉化呈现——PPT。

1/2

为什么要用PPT而不是其他软件

声音如水，一去不复返；图像如山，无论你什么时候去看，它总在那儿。

演讲最主要的表达方式是声音，声音最大的特点是即时性。演讲人在说，观众在听，这种同步接收的过程让观众无法脱离开演讲人的节奏，如果观众停下来思考，就会漏掉演讲人后面的内容。演讲的内容越精彩，就会越挤占观众的思考时间，让观众更容易被动、不加分辨地接受演讲人的观点，被演讲人"洗脑"。这就是演讲的最大魅力所在。而当演讲内容不够精彩的时候，观众会完全脱离开演讲内容，做自己的事情，无论耳朵、眼睛，还是大脑，都不会聚焦在演讲人这里。演讲就是这样，非黑即白。

正因为演讲有这样的特征，导致了很多中等，甚至中上等水平的演讲，具备明显的"首因效应"。也就是说，当你第一次听某个演讲的时候，会觉得非常精彩，但是如果通过录像第二次、第三次去听去看，就会发现不过尔尔。很多第一遍听的时候没有发现的问题纷纷暴露了出来，譬如举例不当、逻辑不清，以及数据瑕疵等。当然，最顶级的演讲如醇酒，百听不厌，但是绝大部分人都做不到这样的高度。

此外，完全依赖于声音的演讲很难被观众的大脑记录下来，一旦观众某个地方没有听懂，那也就只能没听懂了，并没有其他信息能够帮助观众去理解。因此，辅以视觉信息的演讲就出现了。那些大人物所做的极高规格的演讲很少辅以视觉信息，譬如总统的就职演讲。但是在职场，大部分演讲都需要配合视觉元素进行展示。这种视觉的展示可以只是一张图，或者一段视频，但最常见的，还是一系列的图像化页面，我们也可以把它叫做"幻灯片"或者"演示文稿"。

① 视觉化表达的意义

这种演讲辅以视觉展示的好处在于，除了你的声音之外，你又给了观众一个可以让他们把注意力集中在你演讲内容上的途径。如果你的演讲水平实在让人提不起兴趣，但是演讲内容又很不错，观众们至少可以看着你的"幻灯片"，自己脑补一下你的观点，这样可以让他们更容易理解你在说什么，同时也不会有太多闲暇对你的演讲水平过多地吐槽。

人类从外界获取信息，大部分来自于视觉，小部分来自于听觉。所以，演讲时"幻灯片"上的图像和文字对于观众来说，会更

有吸引力，如果"幻灯片"做得好，一定会给你的演讲大大加分。很多内容，你说起来很平淡，或者一点也不好笑的内容，如果匹配上优秀的幻灯片，就会让人印象深刻，甚至形成笑点。

如果你是一个外貌不佳的演讲者，而且一上台就腿肚子转筋、浑身打哆嗦，那么你就更需要一套精美的"幻灯片"，你不好看，但是"幻灯片"很好看，你说观众会看什么？观众都去看"幻灯片"，也就不会注意到你的紧张和窘态了。"幻灯片"几乎是低水平演讲者的救命稻草！

而制作所谓的"幻灯片"，最常用的软件是PPT。PPT是PowerPoint的简称，这是一款微软公司推出的，用于制作演示文稿的软件。这款软件是如此的常见，市场覆盖

图2-1 简单的观点配上丰富而幽默的PPT，具有更大吸引力

率是如此之高，以至于在很多场合，人们已经开始用它指代"幻灯片"了。

"你的PPT做好了吗？领导说下班前必须要交了。"

"在外企，你要是不会做PPT，升值加薪等好事儿都轮不到你。"

"把你的PPT借给我参考一下。"

在以上语境中，PPT很明显不是指PowerPoint这个软件，而是指制作完成的"幻灯片"。所以这一章我们就讲讲怎样做PPT。嗯，并不是讲怎么使用PowerPoint这个软件，而是要讲怎样简单快捷地做出效果绝佳的演讲用"幻灯片"。在下文当中，我会统一使用"PPT"这个称谓指代"幻灯片"。

② 不用PPT 不行吗

那位说了，"好了，我知道了，演讲必须有视觉呈现，也就是必须要有幻灯片，可是制作幻灯片的软件可不止PPT一个啊？我为什么一定要用PPT呢？"

没错，能够制作幻灯片的软件有很多，常见的有Prezi、Keynote等，还有国产的WPS，都是容易上手，操作简单的软件，各有各的优点。但我为什么还要推荐PPT呢？那是因为它太常用了。几乎可以保证每

一台电脑，甚至每一部手机都能打开PPT文件，并且流畅地运行，不会出现效果不一致或者内容无法显示的状况，而使用其他软件则很难保证这一点。

我在各种大小会议上的演讲不计其数，每一次都是两手空空潇潇洒洒前来，从来不带笔记本电脑。至于我的PPT，不是提前发给主办方，就是放在U盘里或手机里，只要拷贝到主办方的电脑里，就可以使用了，从来没出过差错。唯一出现过的意外状况就是，前几年遇到过几次对方电脑里面的软件版本过低，无法正常打开.pptx文件的情况，但此类问题近两年也不多见了。

使用PPT的另一个好处就是，当你临时需要修改的时候，随便借谁的电脑，哪怕是快捷酒店前台的电脑，都能方便地完成打开并修改的工作，不需要另外安装软件，简单而便捷。

使用PPT，还有一点是需要特别注意的，那就是如果你的PPT使用了网上下载的模板，而且效果炫酷，就要小心这些效果是不是使用了某些插件制作出来的，在这种情况下，这些插件就有可能出现和电脑系统以及软件版本不兼容的状况，造成的后果可能是内容显示不全，或者动画混乱等等。这时候就需要在彩排或踩台的时候注意测试一下，一旦发生问题，就要及时修改，如果时间来不及，那就只能删减效果了。

还有，如果你的PPT使用了特殊的字体，就要连字体一起保存，这样就可以避免

出现显示效果不美观的问题。方法很简单，在PowerPoint菜单执行"文件>选项>保存"命令，拉到最下方，勾选"将字体嵌入文件"选项，而后单击"确定"按纽即可。

当然，其他几款软件也各有各的特长，如果你一定要使用的话也可以，不过要记住最好存储为常用的文件格式——".ppt"或者".pdf"，并且一定要在彩排或踩台的时候从头到尾过一遍，发现问题要及时修改。如果是没有彩排或者踩台的演讲，又不方便使用自己的笔记本电脑，最好还是老老实实使用PPT吧，再没有比演讲的时候，站在台上调整幻灯片更尴尬的事情了，如果有的

话，那一定是幻灯片的显示一团糟，而你不得不站在台上，硬着头皮把它讲完。

我就遇到过一次这样的情况，那一次，我使用的PPT模板不知道用了什么动画插件，在我自己和助理的电脑上显示都正常，但是在会议主办方的电脑上，所有会动的素材一动起来就变成了黑色方块，连带着很多文字的大小和折行也出现了问题。我简直是生不如死地完成了那次演讲。自此之后，我就非常注意模板的来源，并且事先反复检查。也会要求主办方提前在他们的电脑上试试看效果，一旦有问题，也能为自己争取更多的修改时间。

2/2

了解这几点，
你就能秒杀90%的人

怎样做好一个PPT？你可以在市场上找到很多本关于PPT的书，里面都介绍了很多精美的PPT以及它们的做法。这些书中的PPT太精美了，以至于会你对你自己做的PPT自惭形秽。因为很少会有人能告诉你，你的PPT是什么水平，哪些细节还可以做得更好。这里所说的"做得更好"不是什么高深的PPT制作技巧，而是一些要注意的问题，有一些简单到举手之劳的要点，如果你能够做到，你就已经能够秒杀90%以上的演讲者了。

① 了解演讲用 PPT的特殊性

PPT的用途非常广泛，老师上课播放的课件是PPT，产品简介、项目策划也会用

到PPT，当然演讲更是最常用到PPT。但是，用在不同场合的PPT，其制作方法也是不一样的。

譬如说你是一个创业者，你的公司正在融资，这时候当然需要写一个商业计划书用于融资。通常商业计划书的表现形式就是一个PPT，当然也有用PDF的。这种商业计划书通常在两种场合下使用，一种是你打开一个风险投资公司的网站，点开"联系我们"这个页面，就会看到一个接收商业计划书的邮箱，你小手一抖，把你的商业计划书发过去。另一种则是你参加所谓的"路演"，台下坐了一堆投资人，你在台上演讲，身后大屏幕上显示的就是你的商业计划书。

在这两种不同的场合，PPT的做法是不一样的。

在第一种情况下，投资人会在他的电脑上或手机上打开你的PPT，一页一页慢慢翻

看，甚至还有可能转发给公司里的其他人，或者开会讨论你的PPT。用于这种情景的PPT，文件不要太大，页数不要太多，每一页都要言之有物，这样方便对方阅读，也方便对方对它进行转发和接收。PPT上每一个细节都要严谨，要禁得住反复看，反复推敲。所有图片对齐要精确到一个像素都不差，所有的文字无论是内容、格式、位置还是标点，都要无懈可击。毕竟这是一个涉及到几百上千万，甚至几个亿投资的文件，容不得一点瑕疵。此外，所有的文字都应该是可以编辑的，这样可以方便对方拷贝上面的内容，对你的资料进行入库和归档。不要有花哨的动画和音乐，甚至页面切换动画最好都不要有，要尽可能让别人可以快捷地浏览，以及方便地找到其中任何一页。

在第二种情况，也就是演讲的情况下，以上规矩都可以不用遵守了。图片的质量要高，文件可以比较大，只要不是大到打开和翻页都很困难就行。页数也可以比较多，一页可以只讲一个要点，只要你能在规定的时间内讲完就行。如果时间来不及的话，格式稍有小瑕疵也不要紧，譬如说每页标题的字号和位置没有完全统一，这样的小瑕疵我们是可以忽略的，因为演讲是一带而过的，这样的问题不经过对比很难发现，而台下的观众根本就没有机会进行对比。文字是否可以编辑也不重要，关键是表现力要最佳。可以有动画，可以有音乐，还可以插入视频，只要效果好，什么都可以有。

② 要简洁，不要炫技

演讲用的PPT要追求最好的演示效果，但并不等于说要过于花哨。效果是为了突出重点，如果从头到尾都是各种让人眼花缭乱的效果，那反而让人找不到重点了。演讲用的PPT，一页上的内容不要太多，说清楚一个问题即可，若用来论证的图片或图表比较多，可分成多页。最忌讳的就是那种满屏都是字的PPT，标题下面是一二三，再下面是123，然后是ABC，再然后是abc……看起来像是Word文档的导航窗口一样。

2016公关部年终总结

一、拓展媒体关系
　　1. 平面媒体：
　　　　A. 从2015年的不足20余家拓展到84家
　　　　B. 包括财经天下、第一商业周刊、人物、南方人物周刊、创业家等杂志
　　　　C. 包括参考消息、新京报、证券日报、经济观察报等报纸
　　2. 视频广播媒体
　　　　A. 从2015年的不足5家拓展到12家
　　　　B. 包括CCTV、BTV、中央人民广播电台等
　　3. 网络媒体和自媒体
　　　　A. 从2015年的不足5家拓展到16家
　　　　B. 包括科技日报社、科技观察、首席娱乐官等

图2-2　简单无脑地利用PowerPoint默认板式制作出来的纯文字PPT

数据尽应该量做成图表，用可视化的效果呈现，会显得比较直观。

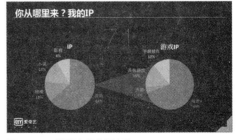

图2-3　用饼图表现数据占比

动画是为了突出显示某些内容，可以作为重点内容的强调手段。例如营业额增长迅猛，如果用一个柱状图逐渐升起的动画，就能很好地体现这一点。譬如说公司在全国开了几十家分店，让这些分店的图标在中国地图上快速地一个一个地出现，也很有视觉冲击力。

应该加动画还是不应该加动画，判断标准有两条。

第一是你要通过这个动画表现什么？或者是强化什么？柱状图的升起能够表现和强化营业额增长迅猛，而分店一个接一个地亮起则可以表现开店的先后顺序、位置分布以及总的数量。这些都是合理的。而一个纯装饰性的图标非要做出又闪又飞又旋转的动画就不妥当了。要想好到底是想表达什么？有没有这个必要？

第二个标准是，需要不需要这么表达？这是你最希望传达的关键信息吗？你希望让全场的目光都聚焦在这里吗？如果你只是一个分店的店主，现在你在做年终总结报告，全公司今年在全国开了几十家分店，跟你的业务其实没有必然关系，那么就不要用动画强调这一点。如果你的店销售额是全国冠军，那么就要在这一页上使用那个柱状图升起的动画。如果你的店销售额是全国倒数第一，那么就要淡化这个数据，不要用动画，也不要用图表，甚至不要用数据对比，不要强调数据，放一张你所在分店的实景的照片加上营业额的数值就好了，咱不去跟别的分店比。就像下图这样：

图2-4　用其他数字和文字，淡化重要数字

动画、音乐等增加效果的东西，要适度使用，不能滥用，起到画龙点睛的效果就可以了。必要的动画，最好把触发条件设置成"与上一动画同时"或"上一动画之后"，也就是不需要操作就可以顺序播放。只要设置好每段动画的播放速度和重复次数，就能形成一连串流畅而华丽的动画效果。最好不要把所有的动画都设置为"单击时"，除非特别有必要。因为频繁的单击操作容易分散演讲者的注意力，造成演讲内容的不连贯，也容易出现失误。人手的操作毕竟不如软件自动播放流畅，PPT中如果有太多的需要单击操作触发的动画，会让节奏支离破碎，断断续续，也会让观众感到厌烦。

在某次行业会议上，有这么一个演讲人，他的PPT所有的页面打开都是一张白板，上面的每一行文字，甚至一条简单的装饰线都需要单击一下才能从某个方向飞入。刚好那次会议的遥控器不太灵敏或者可能是电脑反应有点慢，他不是点半天没反应，就是连点了好几下页面飞速刷过去了，还要一点一点往回倒，会议工作人员上台帮忙调试了好几次，但是他的PPT中的动画实在太多了，总也解决不了这个问题。于是，整场演讲就在PPT不断前进后退，各种文字乱飞中结束了，观众甚至都没法看到他任何一页PPT的全貌，演讲效果可想而知。

③ 细节不要有瑕疵

你传达的内容的可信度，和外在表现的精致程度成正比。

譬如说，你买了一个小家电，看着不错，用着也没啥毛病，但是当你打开薄薄的几页说明书的时候，发现那上面好几处贴了贴纸，有修改的痕迹。你看了一眼小家电上那个全球知名品牌的Logo，一定会开始怀疑电商平台是不是给你发了假货。

你的演讲内容就是小家电本身，而你的PPT就是小家电的说明书，PPT有瑕疵，演讲内容就会让人觉得不权威，不可信。

在演讲情境下，所谓内容上的瑕疵，其实就是细节上的瑕疵。大部分坐在台下听你演讲的观众，不太可能在专业上碾压你，能够发现你演讲内容上的谬误，他们在你短短演讲过程中能够发现的瑕疵，无非是这样一些小细节：

- 图片没有对齐；
- 同等级文本字体、字号、字色不一致；
- 段落对齐方式不一致；
- 图片有纵向或横向的拉伸或压缩，也就是长宽比例发生了改变；
- 图片模糊，像素过低；
- 图片裁切问题及边缘有锯齿、白边等；
- 错别字和标点错误；
- 其他格式不一致，譬如同等级的文本，有些句尾有句号而有些没有……

这些都是小问题，但每一个这样的小问题都在降低你演讲的可信度。只要认真检查几遍，这些问题很容易避免，甚至只要不让它们出现在同一页面，不让观众一眼发现就行。譬如说你的PPT每一页的标题位置都没有对齐，这其实问题不大，因为在演讲情境下，每次翻页都要间隔一定的时间，观众很难发现这个问题。当然类似问题如果也能修正就更好了。

看到这里，你可能认为："这不是最基本的吗？还需要花这么多篇幅强调？"

既然你诚心诚意地问了，那我就认真真地回答你。我看过无数应届生的简历，其中很多人的自我评价当中都会说自己的优点是"认真仔细"，把这些自认为"认真仔细"的人的简历挑出来，认真检查一下，你会发现，100份这样的简历当中，完全没有文字、标点、格式错误的，绝对不会超过10份。

我在工作中经常会接触到一些影视剧介绍的商务PPT，都是各个影视制作单位专人制作的，而且影视行业可是文化艺术行业哦！同样，100份PPT当中，能满足"没有文字、标点、格式错误"这一简单条件的，也不超过10份，同时具备一定的艺术水准和表现力的PPT，只有一两份。很多PPT经常会把明星的照片拉伸到惨不忍睹的程度，或者抠图抠出大白边及锯齿，也不知道他们跟这些明星到底是多大仇多大怨。

④ 力求最好的显示效果

演讲用的PPT，是放到大屏幕上给观众看的，所以PPT在你电脑上看着好看不算数，一定要放在现场大屏幕上看着好看才是硬道理。

首先，你要了解现场大屏幕适合的PPT长宽比例，最常见的比例是4:3和16:9，当然有些会议还可能使用各种夸张的比例，譬如4:1等。如果会场搭建的大屏幕使用了这样特殊的比例，你倒是不用担心了，会议主办方一定会提供模板或者提前跟你沟通好PPT比例的。而常用的4:3和16:9的屏幕，则常常会被主办方忽略，从而忘记告诉演讲人PPT的比例，这时候你就要主动问一句。因为你要是制作了4:3比例的PPT，放在16:9的屏幕上整个画面会被上下压扁，反之，16:9的PPT放在4:3的屏幕上，则会纵向抻长，总之都不好看。

然而有的时候，你专业的发问不能得不到专业的回答。仅仅是这句："PPT的比例是多少？"的问话，我就得到过如下这些奇葩的回答。

"就是一般的比例，我们没有特殊要求。"——亲，我觉得4:3和16:9都挺一般的，你告诉我个准话儿呗。

"投影屏幕是150寸的，对角线150寸。"——大哥，我问的不是这个啊！

"屏幕高两米三，长四米五。"——唉，已经不知道说啥好了……

遇到这种情况，我通常会追问一句："比例到底是4:3还是16:9比较合适呢？"

如果对方依然听不明白，我会告诉他打开PowerPoint软件，单击"设计>页面设置>幻灯片大小"选项的下拉按纽，先选择"全屏显示4:3"，贴一张你的自拍照上去，保存。再选择"全屏显示16:9"，再贴一张你的自拍照上去，保存。然后接到你的大屏幕上，看看哪一个PPT上的照片没有被拉伸或压缩变形，哪个比例就是对的。

如果对方实在无法提供比例，或者不方便找对方核实比例，例如去谈判或讲标，你只能凭经验判断。一般来说，位于公司会议室的演讲，如果使用的是投影幕布，通常比例是4:3，如果使用的是电子屏幕，则通常比例会是16:9。如果公司是传统行业，地处偏僻，设施老旧，或者是政府部门，使用4:3比例的可能性比较大，反之，则16:9的可能性比较大。随着时代的发展，16:9比例应用的场合越来越多，逐渐成为主流，本书中所有的范例PPT，使用的都是这一比例。

说到投影幕布和LED屏（或者智能电视等）的差别，我们还需要了解一点，那就是不同的显示介质对于PPT也是有不同要求的。投影幕布的显示效果比较模糊，颜色的饱和度也会更差，因此制作PPT要尽可能使用高饱和度的颜色，字号不要太小，字体最好加粗，文字和底色的对比要强烈，如果有

必要，有些图片要进行提高对比度和饱和度的处理。这样的PPT在你的电脑上看起来可能有些辣眼睛，但是放到投影幕布上则会很美貌。

使用LED屏幕的场合，则不需要注意这些问题，因为LED屏幕的显示效果几乎和你的电脑差不多。但是LED屏也有它的问题，很多大型会议在搭建LED屏的时候，会让屏幕落地或者只比地面高一点点，屏幕下端通常还有一些灯，会对屏幕造成一些遮挡，这种情况下，坐在后排的观众可能根本看不到屏幕的最下方一条区域的内容。如果你把PPT的标题放在最下方，或者在靠近PPT底边的地方有重要的信息，可能造成的结果就是没有一个观众能看到，这就很尴尬了。解决的方案很简单，把所有的重要内容都向上抬升，下方留出一定高度的空位。这样的PPT在你的电脑上看着很别扭，但是实际演讲时的显示效果却很好。LED屏的高度问题，也是踩台或彩排时要注意的问题，一旦发现高度过低，立刻修改你的PPT，把内容抬升一下很简单，通常十分钟就能搞定。

⑤ 有些内容一定要写在PPT上

不同内容的PPT，写法各有不同，但是有些内容一定要写在PPT上。

首先是你的名字。你演讲的目的是什么？刷存在啊，让别人知道你；刷好感啊，让别人喜欢你；刷权威啊，让别人敬佩你。那么，怎么能让别人不知道你叫什么呢？头衔、姓名这两个元素，一定要在PPT第一页出现，同时也要在最后一页出现，缺一不可。如果你还想在中间出现，只要不会觉得尴尬，都随意。若是大型会议，个人建议还是留下一个联系方式会显得比较礼貌，也能接收观众的反馈。邮箱是比较合适的。有些人还喜欢留下自己的公众号一类的自媒体，也无可厚非，只要广告痕迹不太明显就是。

其次是你的数据。还记得中学历史课吗，最难背的内容就是在公元哪一年，发生了什么？除了少数对数字比较敏感的人之外，大多数人对数字的反应和判断都会比图像和文字慢，而且有很多人在心理上就排斥数字。如果你的演讲涉及了较多的数据，请一定要把这些数字写在PPT上，这样才便于观众理解。

再次是冷僻字词。在演讲中使用冷僻字词，自然可以塑造你博学多才的光辉形象，但是冷僻字词又造成了你和观众的沟通障碍。怎么办呢？写在PPT上就好了。

我之前出过一本书叫《引爆IP：影游漫文超级IP打造之道》，我也算是游戏行业的IP专家了，很多场合都会邀请我去讲IP。如果是有关IP的专门论坛倒是好办，一开口，大家就知道我要说的是什么。但如果听众当中有政府部门的官员或者其他行业的人员，我会在PPT的第一页开宗明义，讲讲什么是IP，而且IP两个大字一定要写在PPT上。我经常收到会议速记把IP写成了IT，这种速记一看就是速记员不在现场，是通过录音进行速记的，因为看不到PPT，所以会弄错。

其他像是"守正出奇"一类不常见的成语，或者是"舍尔灵龟，观我朵颐"等拗口的引文，以及"积善余庆，国富民丰"等专用语汇，不写出来，观众可能根本听不明白你在说什么。如果你使用了冷僻字，一般人不知道怎么读，例如巨擘（bó），也可以把拼音同时写在页面上，这样你在说到这个词的时候，观众会立刻反应过来你说的是什么，而且也可以统一大家对这个字读音的认知，避免你明明读对了，而有的观众却认为你读错了的尴尬。

有些话看上去很美，听起来却不容易让人理解，例如一些利用了谐音和字形相近而形成的梗，更是一定要写出来，才便于观众理解。例如，"汉字简化后，黨内无黑（党），團中有才（团），國含宝玉（国），愛因友存（爱），美还是美，善还是善。"这段话音韵很美，演讲出来很有节奏感，但是只有写出来，才更能让观众看明白。

⑥ 不要使用默认版式

什么是默认版式呢?

我们新建一个PowerPoint文件,双击打开它,可以看到一行大字"单击此处添加第一张幻灯片",单击一下,则会出现下面这样一张页面。

图2-5　PPT封面默认版式

这个是你的封面默认版式。我们再"添加一张幻灯片",出现的是这样一张页面,这个是你的内页默认版式。

图2-6　PPT内页默认版式

这两个都是PowerPoint的默认版式。单击"开始>版式"选项,总共有11个同样丑陋的版式可供选择。如果仅仅是丑陋也就罢了,关键是它真的非常非常难用。譬如说,你在这个文本框中输入文字,字号会随着你输入字数的增多而逐渐变小,当你删减了几个字的时候,字号又会突然变大。如果这东西真的很智能,这个功能倒不会令人讨厌,关键是它并不智能。有的时候,只多加了一行字,字号就会变得很小,下方又有一大片空白,看着很难受。标题也一样,短标题是大字号,长一点的标题字号就会变小。

如果使用了这个默认版式,由于每一页内容多少不同,最终整个PPT从标题到正文得有十几个字号,一会儿大一会儿小看得人心烦。这个功能听上去很美,实则不方便。

简单干脆的做法是一开始就选择"开始>版式>空白"选项。想写字就"插入>文本框",想放图片就"插入>图片",随意调整大小和位置。如果确定了标题文本框的大小、位置和文字格式,使用"Ctrl+C"和"Ctrl+V"大法,复制到另外一页上,位置、格式丝毫不差。同理,设计好两三种文本框样式,复制就好了,这要比使用默认版式更快更灵活。

使用默认版式的PPT,在各种商务场合已经很少见了,大概只有教师讲课的课件,还有学生作业在用。偶尔在邮箱中看到一个这样的PPT,真心觉得很难接受,稍微用点心吧,这不难啊!

3/2

万能的"高桥流"：
文字也能高大上

这本书开宗明义打出了"30分钟"的旗号，那么自然要教大家用半小时就能做出有档次PPT的方法。对于不经常做PPT的人来说，在网上漫无目地找一个模板，可能就要花上不止半小时的时间；弄清楚模板的使用方法，又是半小时过去了。就算是已经有了规定的模板，有了准备好的内容，很多人也很难在半小时的时间内把这些内容用PPT完美呈现出来。

现在，简单有效的方法来了！

① 你的PPT
恶俗了没有

书接上文，上面说了PPT最好不要使用默认版式，这一节就详细说说，大部分使用默认版式做出来的PPT有多丑。

我们在各种会议上，经常看到这样的PPT，就是这张图，我又拿出来秀一遍。

图2-7　中规中矩的页面，正确但不美观

这种PPT已经算是好的了，至少使用了PowerPoint自带的默认版式，以及默认的文字格式，没有画蛇添足，也没有出任何错误，甚至还划出了重点。这种制作PPT的手法，通常也是中学老师，尤其是文科老师最喜欢的手法，放在教学当中问题不大，但是用于演讲就不太合适了。当然，除了不够美观和不适合演讲之外，这页PPT一切都中规中矩，不该有的东西一样都没有，你也挑不

出太多毛病来。

　　但是很多PPT菜鸟并不满足于这种冷淡风的无功无过，他们经常会画蛇添足地加入更多图片、形状、颜色和字体，及各种花哨的格式，于是PPT就变成了下面这个样子：

图2-8　2016我的工作总结

图2-9　2016公关部工作总结

　　是不是一股浓浓的中老年表情包风格扑面而来，简直辣眼睛。你看的时候尚且如此，可想而知我在做这两张PPT的时候，心理阴影有多大。

　　这两张PPT当中，"2016我的工作总结"的问题在于把PPT当成了写文章，堆了太多文字在上面，密密麻麻的，让人看着就烦。一般这样的人是稍微有点强迫症的，不大能忍受页面上有空白，于是在所有空白的地方都弄了一些简单而丑陋的"形状"放上去（"形状"这个词看上去有些别扭，但

PowerPoint的界面上就是这么定义的，所以我也只能这么称呼），下方的五星，和右上方的旗帜，这些都是PowerPoint自带的"形状"。放"形状"没有错，错的是不能胡放乱放，放得毫无意义。

　　很多人会觉得白底黑字很素，所以一定要加些颜色上去，加颜色也是有技巧的，如果是这种西红柿炒鸡蛋式的土味儿红黄配色，还不如不加。

　　第二张图"2016公关部工作总结"的问题也很明显，左图右文的分割是很经典的设计，本来并没有错。但是左侧的图片画质不高，而且经过了横向的压缩变形，这是PPT制作的大忌。右侧的文字不多，但是用了三种不同的字体，还用了横向与纵向两种不同的文字排列方式，显得很杂乱。三行并列的正文内容，如果使用了PowerPoint自带的"SmartArt图形"还好，但是这张图却使用了三个一头大一头小的"形状"，显得很LOW。最重要的是，这张PPT的内容表达很不清晰，"平面媒体：20——84"到底在说什么？让人摸不着头脑，很少有人一下子能看明白"20——84"是从20家增长到84家的意思。

② 什么是 "高桥流"

诚然，很多人不喜欢白底黑字的极简冷淡风，总想加点儿花样，让PPT更加高大上。但是对于新手来说，加什么花样，以及怎么加？这可是有门道儿的。

下面我给大家推荐的新手法宝隆重登场，那就是"高桥流"。

日本Ruby协会会长高桥征义在2001年进行一次演讲时，不巧没有演示工具，情急之下，他就写了一个全部是极大文字构成的演示文稿，完成了演讲，没想到这种风格的演示文稿让很多人觉得很酷，于是就被称为"高桥流"，成为了一种PPT流派。

图2-10　高桥征义当年的PPT还原

"高桥流"不适合内容过多且听众过少的小范围演讲，如商务谈判、讲标等。更适合发布会、论坛等大型演讲。"高桥流"PPT视觉冲击力极强，能给人耳目一新的感觉。苹果发布会的PPT很多都是典型的"高桥流"，锤子科技、小米、乐视等公司的发布会上，也常常见到"高桥流"的身影。"高桥流"能很好地营造大气、严谨的工业化风格，和高科技产业几乎是绝配。最关键的是，"高桥流"制作起来十分简单，只要掌握诀窍，任何人都能在30分钟内搞定。

图2-11　小米雷军的"高桥流"PPT

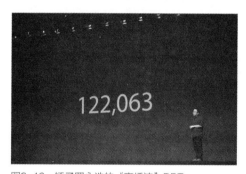

图2-12　锤子罗永浩的"高桥流"PPT

图2-13　乐视贾跃亭的"高桥流"PPT

典型高桥流PPT有以下几个特征：

- 只使用文字，不使用图片和图案；
- 主体文字较为巨大；
- 利用文字的大小、排版和颜色营造出不同的页面观感；
- 包含底色在内，每一页PPT上不超过三种颜色；
- 字体通常只有一种或两种。

例如前面例子中说到的公关部工作总结媒体拓展那一页PPT，如果做成"高桥流"PPT，可以分成平面媒体、视频广播媒体、网络媒体和自媒体三页，每一页大体都是这样的。

图2-14　2016公关部工作总结之平面媒体拓展

中间的作为主体的大字是"平面媒体"四个字。

上面小字是工作总结的重点——增长数量的具体数据。因为这行字比较重要，所以放在大字上面，字号也仅次于大字。而且，这行字是整页PPT中唯一一行颜色不同的文字，所代表的强调作用已经十分明显了。毕竟是最重要的数据，要给它最高规格的待遇。

最下方一行字用来说明这三页PPT整体

讲的是什么，在"拓展媒体关系"后面写上"之一"、"之二"、"之三"就能很清楚地说明"总－分"的结构。因为不是重要信息，甚至不是必要信息，所以这一行用了比较小的字号，也没有加粗，它横贯了整个PPT页面，并采用了分散对齐的格式，具有很强装饰性，让整个页面灵动鲜活了起来。

最后是插在大字中间的小字"©公关部"，说明了这个工作汇报是哪个部门的。虽然使用了最小的字号，但是由于位置在页面中央，也十分抓眼球，而且装饰效果很明显，还带有那么一点点俏皮。

字体选择了单一字体"微软雅黑"。根据需要，有些文字做了加粗，有些没有。当你不知道怎么选择字体的时候，选微软雅黑总没错，因为这个字体比较常见，也比较百搭，让人怎么看怎么顺眼。

整个PPT使用了黑白蓝三种颜色，显得简洁高雅。你看，"2016公关部年终总结，拓展媒体关系之一，平面媒体从2015年的不足20余家拓展到84家"，所有的信息都全了，分成了四个层次，像香水的前调、中调、基调一样，让人回味无穷。

这就是"高桥流"，比炫更炫，比酷更酷，怎么样？有没有感觉到乔布斯的遗风？

③ "高桥流"的变化

"高桥流"虽然风格极简，但是变化也很多，我们在上一张PPT的上面，还可以做很多变化。

首先我们可以做减法。把中间小字和下方那一行字去掉，同时把字号加到更大，就是最经典的"高桥流"。

从不足20家猛增到84家
平面媒体

图2-15　经典"高桥流"

还可以在做减法的基础上，变一下排版，又是另一种风格。

从不足20家猛增到84家
平面媒体

图2-16　横向构图的"高桥流"

我们还可以把最重要的内容和次重要的内容位置调换一下，把最重要的数字以最大的字号呈现出来，更具有视觉冲击力。

媒体关系拓展之1：平面媒体的增长
从20到84

图2-17　强调数据的"高桥流"

还可以再改变一下，尽最大可能突出两个数字，把其他文字都设定成黑色，并缩小字号，两个数字不仅是彩色的，而且超大。

媒体关系拓展之1：平面媒体的增长
从20.84

图2-18　更加强调数据的"高桥流"

还可以继续变变变，把数字"20"缩小，而把数字"84"放大，进一步强化"迅猛增长"的印象。

媒体关系拓展之1：平面媒体的增长
从20到84

图2-19　具象化表现数据增长的"高桥流"

你看，在最基本的"高桥流"基础上，我们还可以做出这么多变化。

相信聪明的你一定看出来了，用"高桥流"制作PPT，每页只讲一个要点，会让PPT页数急剧增多，一般来说，十几页的PPT拉长到三五十页是很正常的。这种情况下，每页都一模一样未免有点呆板，也容易让人审美疲劳，所以我们还需要更多的变化。

④ "高桥流"的再变化

这一节我们尝试在"高桥流"基本规则的基础上，做出更多的变化来，虽然都是很简单的变化，只需要你点击一下鼠标，改变其中一处的设计，但是却能让PPT呈现出不同的风貌。

首先是颜色的变化。

有些人会觉得黑与白的搭配对比太强烈，甚至会觉得不吉利。如果你的演讲是下级对上级，乙方对甲方，企业对政府主管部门，这种以下对上的场合，这种黑白搭配加上大字号的冲击力未免太强，显得太有棱角了，不够柔和，可能会不太合适，怎么办？几个简单的办法就能够瞬间让"高桥流"温柔起来。

首先我们可以给PPT加一个底色，在PowerPoint默认色板上选择最浅的灰色就可以。如果你的重点色选用了深蓝色，背景

也可以选择最浅的蓝色。这两种颜色都可以让PPT变得柔和。如果你对配色不太在行，就不要花时间尝试其他颜色了，记住一个原则就好，灰色是百搭的，和重点色同色系但是深浅对比强烈的颜色也可以选为底色。

如果你还想更花哨一点，也可以上网搜一些带图案的背景图片，搜"浅色背景图片"或者类似的关键词就可以。注意图片的大小一定要大过你的PPT页面，然后把它缩放或裁剪到和你的PPT页面大小完全吻合。如果你找来的图片不是你需要的颜色，你可以通过"图片工具 - 格式>颜色>重新着色"命令来调整。

还是觉得黑色的大字太过刺眼？你也可以尝试把它调整成为深灰色，这样就一点也不刺眼了。

觉得最下面那一行小字不够醒目，或者是整个页面都是字，有点呆板，那么用色块调整一下就好了。动动鼠标，直接点击最下面一行字，然后执行"绘图工具 - 格式>形状填充"命令，把这行字的背景填充为稍微深一点的浅灰色，就OK了。

图2-20　只用一点点灰色，就能让页面变柔和

60

我们还可以把字号缩小，让页面大面积留白。更小的字号有聚焦作用，效果一点不比超大号的字体差。排版也不一定非要左右对称，用一个小小的元素去打破对称也很有设计感。

图2-21　留白让内容更聚焦

对于作为PPT页面序号的数字，我们可以放大它的字号并且让它的颜色和底色接近，这样这个数字序号就成了一种类似底纹或水印的装饰。如果能换个特别的字体，装饰意味就更浓了。

图2-22　不重要数字可作为装饰，如章节序号等

加一根装饰线，又是另外一种感觉，这种线条你可以自己用"插入>形状>线条"命令去画，也可以像我这样，给文字加上下划线，并通过空格去延长这条线。选定文字之后点击"开始"，在"字体"选项组中点击带有下划线的字母"U"即可。这种方法

超级简单，即使是手残党也能把这条线画得又长又直。

图2-23　下划线有很好的装饰作用

"线条"还有很多种进阶玩法，譬如做成田字格、米字格，加上合适的行书字体，满满的中国风扑面而来。红色的米字格外框是使用"插入>形状>矩形"命令绘制出来的，而"米字"是使用"插入>形状>线条"命令绘制出来的。点击矩形，执行"绘图工具－格式>形状填充"命令，然后选择"无填充"，"形状轮廓"选择红色，"米字"的那几个线条也同样把轮廓设定成红色，这样就好了。也有类似带格子的字体，可以下载下来直接使用。

图2-24　给字体加上格子，别有一种装饰趣味

"线条"的变化有很多，粗细、颜色、实线、虚线、外发光等，能做出很多变化来，例如用"圆角形状"＋"粗线条"＋"虚

线"，就能营造出满满的可爱感来。图中的"信"字和虚线勾勒出的信封相映成趣。

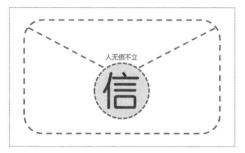

图2-25　画一个可爱的小信封，和关键字"信"相
　　　　映成趣

图中信封外轮廓使用了"插入>形状>圆角矩形"命令绘制，圆圈使用了"插入>形状>椭圆"命令绘制，两条斜线使用了"插入>形状>线条"命令手工绘制。点击圆角矩形执行，"绘图工具 – 格式>形状填充"命令选择"无填充"选项，"形状轮廓>粗细"加到最粗，"虚线"选择第三个虚线样式，就能呈现出图中的样子。两条斜线也采用同样方法处理，还可以用"格式刷"直接刷出来。"椭圆"也一样，唯一的不同是填充上浅蓝色。

除了"线条"，还有一种好用的东西就是"符号"了。

对于:）、(*^__^*)、O(∩_∩)O、/(ToT)/~~等这种表情符号，大家想必已经很熟悉了。这些都是利用了字母、标点符号、数学符号、上标和下标等符号的外观，排列而成的一种特殊的"象形文字"。而且这种"象形文字"还是放之四海而皆识的，全球各国人都能看明白。不过我们今天说的

不是这种表情符号，这种表情符号放在大部分场合的PPT中未免都显得有点不正式，偶尔用用还可以，不能用太多。

我们这里所说的，是在文本框中输入特定的符号，通过改变字体、字号、颜色和效果去营造装饰感。

选择一个文本框，单击"插入"选项，在菜单右侧能找到"符号"选项，单击"符号"，会弹出"符号窗口"，"符号"的数量有点多，单击不同字体，"符号"的集合也有一定的差异。

图2-26　用"符号"作为装饰

上图中"科技进步"左右使用了两个方括号，加大加粗之后加了个"阴影"和"棱台"效果，就有了满满的科技感。下方"走近科学"之间用了一排大于号，使用了"华文琥珀"字体，也有不错的装饰感。你还可以尝试着把大于号替换成不同大小，或空心或实心的三角"符号"，又是另一种感觉。

有时候我们根本不用花时间去网上找那些图标，PowerPoint自带的"符号库"就能满足大部分需要。同样一个"符号"，调整不同的字体，就会呈现不同的样子。建议先调整好字体，再去符号库浏览，就能获得

新的灵感。

下面这张PPT，男性和女性符号看上去像是图片，但其实是大字号的"符号"，"符号"的本质是字体，文件很小，因此整个PPT文件的大小也能控制到极小。

图2-27　你还在到处寻找男性、女性符号吗？"符号库"里就有啊

活用这些"符号"，大开脑洞，能拼接出很多有趣的图案来，下图中两只熊的眼睛和鼻子也都是"符号"，你看出来了吗？

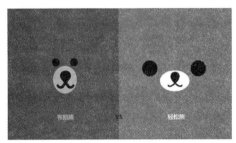

图2-28　两只用"符号"做成的著名的小熊：布朗熊和轻松熊

在"符号库"中寻找合适的"符号"，看起来是一件比较麻烦的事情，一旦比较熟悉之后，你就会发现，好用的"符号"就那么十几二十个，记住它们的位置和长相，已经足以应付很多场合了。使用"符号"要比使用"形状"简便，因为"符号"是字体，你只能调整大小、颜色和字体样式，最多加上一点效果，还是比较容易掌握的。而"形状"需要你操作鼠标进行绘制，对于手感的要求很高，很多PPT新手甚至连画一个圆都画不好，每次总是画成椭圆，所以如果使用"形状"的话，可能会花费比较多的时间，而且"形状"可以调整的方面太多，新手很难完全掌握，最终效果也不一定能保证。本文的宗旨就是速成，试试使用"符号"，它会为你打开一扇新世界的大门。

"一图流"：精彩大片的视觉呈现

前面已经反复强调过了，本书的口号就是速成、速成、速成！所以这里只推荐又快又好的PPT做法，任何高阶的、需要练习的PPT技巧一概不、推、荐！

"高桥流"可以说是最简单且效果最好的一种PPT流派了，但是很多人会觉得它过于简朴。有没有操作起来同样简单，但是又更加花里胡哨，哦！不对！应该说是更加五彩斑斓的PPT做法呢？当然有啦，那就是"一图流"。

"一图流"顾名思义，就是由一张图+一个标题+一段文字构成一个页面，它基本上可以算是"高桥流"的图像化引申。

做"一图流"PPT的流程是这样的，你先要想好PPT的每一页都要写什么字。通常，每一页PPT需要一个醒目的、观点鲜明的、抓人眼球的"标题"，然后再用一段文字说明、论证、引申你的这个观点，我们把它称为"正文"。这段文字可以是数据，也

可以是一个例子，或者是从标题引申出来的一、二、三几个要点，这些都可以。按照这样的方式把整个PPT的框架码好，然后就可以找图了。一张图对应一页PPT，图的内容应该和文字内容有所呼应。

怎么找图呢？使用搜索引擎的图片搜索是最简单的方法，各种图片网站也OK。从你的标题中提炼出关键词作为搜索关键词。如果找不到合适的图，可以尝试更换同义词。例如，你的标题是"时间就是生命"，你可以搜索"时间就是生命"或者"时间"、"生命"来找图，如果找不到合适的，也可以引申一下，搜索"效率"、"钟表"、"沙漏"、"日晷"、"心跳"、"高速"……意思相近的词。

搜图的时候还要注意图片的大小。可以在搜索时直接加上筛选条件，最好选"特大尺寸"，如果找不到合适的，再试试"大尺寸"。图片尽量大的好处在于，一方面显示

效果会更好，另一方面如果图片只有一部分内容适合或局部有水印，我们可对它进行裁剪，大尺寸的图片提供了这样的余地。

好了，现在标题有了，内容有了，图也有了，怎么去勾兑这个"一图流"呢？下面传授几个"一图流"的经典样式。

① 足记式

还记得前两年流行过一个APP叫足记吗？功能很简单，就是一张照片，裁剪成16:9的比例，下方放上两行字，一行中文，一行英文，居中对齐。妥妥的大片感就出来了，像是电影的截图。就是这么超简单的一个功能，当年一炮而红，传遍了整个互联网，可见这种构图真的是很受欢迎。

用PPT模仿这个构图很容易，图片下半部分如果以浅色为主，就用黑色字，如果以深色为主，就用白色字，字号不要太大，能看清楚就行，文字加粗，加阴影。选择文本框，在"开始"菜单的"字体"选项组中找到字母B，是加粗，字母U是加下划线，S是加阴影。一分钟不到齐活儿！

还有一坨正文放哪儿合适呢？可以放在右上角，仿照弹幕的样子，字号稍小一号。还可以做个从左向右移动的动画，那就更像弹幕啦！下方是字幕，上方是弹幕，这已经成了各大视频网站的标配，让人觉得很舒服。

如果PPT的页面比例是4:3怎么办？很简单，图片还是做成16:9的比例，下面垫一张纯黑的底图就行，这样更有电影感了！

图2-29　PPT一秒钟变电影大片

② 淘宝头条式

"淘宝头条"这个栏目刚刚在淘宝APP上推出的时候，头图都是这样的构图，但是现在已经改版了，而且改得不如原来好看。

现在我们仿照它做一个PPT页面，执行"插入>形状>矩形"命令，绘制一个正方形。点击这个正方形，选择"格式>形状填充"命令，在色板中选择任意一种"标准色"（所谓"标准色"，就是PowerPoint自带色板的第二区域的那一行）。"形状轮廓"选择"无轮廓"，右键点击这个正方形，在菜单中选择"形状格式>填充"命令，把"透明度"拉到50%左右。也可以在"格式>形状填充>其他填充颜色"的窗口最下方调整透明度。

图2-30　原来的淘宝头条截图

图2-31　文字放在中间，并用底色强调

再绘制一个更小的正方形，"形状填充"选择"无填充"，"形状轮廓"选择纯白色，"粗细"适当加粗，放在大正方形中央即可。不同的线条粗细呈现出的感觉不同，可以多尝试一下，寻找适合的感觉。然后就可以把标题写在小方框里了，4到9个字都是比较适合的，文字一定要用白色，字号调整到适当大小，由于这款设计用了双层方框，棱角分明，所以字体不太适合用线条粗细一致且棱角感强烈的黑体或微软雅黑，可以尝试一些线条有变化的字体，譬如楷体或宋体。

至于正文部分，放在方框下方，中心对齐即可。

这种设计以中间的位置去突出标题文字，并且以半透明的底板让文字从图片背景中跳出来，非常适合图片颜色丰富、元素杂乱的情况。

上面说的是基本款，还可以在此基础上引申出很多变化。譬如那个方框可以换成长方形、圆形、椭圆形、三角形、梯形、心形、泪滴形、十字形等其他形状，只要有一定面积，且轮廓比较简洁的形状都可以。配合图片的主题，能够产生出很多有趣的变化。例如婚庆公司的PPT，图片是婚纱照，图案是心形，就很相衬。

或者可以把白框放在外圈，彩色框放在里面，又是另一种感觉。还可以把白框和彩色框交错放置，都会呈现不一样的效果，有太多可能性值得你去探索。

③ 偏心式

我们在实际操作中可以发现，有些图片的颜色很花，斑驳感很强，无论是黑色字还是白色字放上去都看不太清楚。衬上彩色的底板又会感觉花上加花，怎么办？对付这种图片，"偏心式"是很好的解决方案。

还是像"淘宝头条式"一样，拉出一个横向的长方形，透明度设置为50%，颜色填充白色或黑色，如果图片颜色偏浅就填黑色，图片颜色偏深就填白色。放置在图片一侧，一条短边紧贴着页面边缘。

这时候你会发现，在上面打字，除了灰色之外，色板上所有的颜色放上去都好看。所以，你的标题可以使用一种鲜艳的颜色，字号加大，注意也要和页面边缘对齐。

正文也写在这个框里，用黑色或白色小字即可。字要小，最好一两行，最多不要超过三行。

这款式样成功的秘诀在于，长方形外框的长宽差距一定要大，至少是三倍以上，其中一条短边一定要贴侧边，同时文字的对齐方向也要冲着这条侧边。至于这个框的位置，贴在左侧还是右侧，偏上、偏下，还是居中，都可以随意，可根据图片的构图调整合适的位置，原则是放在图片上元素比较少的部位。

除了长方形，你还可尝试箭头或箭头的

变形，只要是和长方形近似的形状都可以。

你也可以尝试用长方形的短边贴住上下边缘的形式，这样会形成一个纵向长条的标题框，能够营造出中式而古典的感觉来。这种布局适合文字比较少的情况。

图2-32 "偏心式"能很好地营造灵动活泼的感觉

图2-33 竖排版+楷体字，满满的中式风格

④ "潘金莲"式

冯小刚导演的电影《我不是潘金莲》，相信大家就算没看过，也都听说过。这部片子的最大特点不是演员，也不是故事，而是"全是圆圈"！整部剧绝大部分的画面都呈现在一个圆圈当中，周围都是黑的，像是通过一个管道去窥伺世界。但是，说这部戏全是圆圈还真有点冤枉它了，其实这里是有设计的，在女主角故乡的场景中，画面是圆圈；在北京的场景中，画面是正方形；只有到了结尾处的若干年后，画面才全屏展现。冯导想要通过这种画面变化表达什么，我也不清楚，大家自己体味吧。我们今天要讲的是学习这种高大上的视觉手法。

如果你的图比较小，而你又特别想用这张图，"潘金莲"式最适合了。

首先给PPT页面铺上一层底色，深灰色或黑色都OK。然后把你的图片缩小，并裁剪成圆形。怎么做呢？点击图片，选择"图片格式>裁剪>纵横比"，然后选择1:1，先把图片裁剪为正方形，这时候可以拖曳图片，调整适合的画面，再次点击"裁剪"，就可以确认了。点击图片，选择"图片格式>裁剪>裁剪为形状"，然后选择"椭圆形"，这样图片就变成圆形了。再稍微调整一下这个圆形的大小，直径要略小于页面的高度，放在页面中央的时候上下要略微有一条黑边才比较合适，太小或者太大都还原不出冯导的感觉。

至于文字的排版，可以和"足记式"一样，依然是模仿电影的思路。还可以选择

图2-34 "潘金莲"式非常适合古典题材

"对角线式"，像上图那样：标题放在左上方，文字少就一行，文字多就两行；白色大字。正文放在右下方，白色小字。换个方向，一个右上，一个左下也可以。文字不建议使用其他颜色，而且文字最好搭到圆形轮廓内一点点，这样不会显得呆板。

⑤ 电视机式

所谓"电视机式"，就是模拟电视机的样子。电视机有两种：一种是近些年样式的电视机，中间是显示屏，四周是细边框，通常下方的边框稍微宽一些；另一种是老式电视机，屏幕更靠近左上方，右侧是各种旋钮和按钮。这两种构图也非常经典，而且也是大家视觉上感觉比较舒服的式样。如果你不想让图片充满整个画面，最适合的选择就是"电视机式"。

下图就是新式"电视机式"。

首先给页面铺一个底色，黑白灰都可以。图片还是保持16:9的比例，但是缩小一点，放置在画面中央，下方留出的空间更多一些，上方留出的空间少一些，左右对称。标题还是使用"高桥流"的大字，放在图片正中间，文字的颜色可以选择黑白色，也可以在"标准色"中选择，如果觉得字太刺眼，可以将文字调整为半透明：全选文字，右键单击，在菜单中选择"设置文字效果格式>文本填充>透明度"，把透明度拉到50%左右即可。正文部分放在下方空白处，小字居中。

以不变应万变——行业巨变时期企业的应对策略

图2-35 "电视机式"和"足迹式"同样大气，但是又精致内敛

其实标题和正文的位置都可以随意调整，都压在图上也没关系，文字颜色要根据图片颜色选择，只要是放在图片上够鲜明就好。但是切记，标题和正文的文字颜色要么一致，要么其中一种应该是黑色或者白色，这样才不会显得杂乱。

这张PPT背景用了白色，如果你愿意，用深浅不等的灰色甚至黑色都可以。还可以从图片中选择一种颜色作为背景色。最新版的PowerPoint当中，"颜色填充"中有"取色器"选项，可以在图中任意取色。这样取下来的颜色和图片的搭配会比较和谐。取色的要点是：要选取图片当中所占面积比较大的，或者不太鲜明的颜色作为背景色，否则会显得很刺眼。

下图是老式"电视机式"。

做法更为简单，底色的处理和新式"电视机式"一样，同样把图片保持16:9的比例缩小，放在画面左上方，上方和左侧留白比较小，下方和右侧留白比较大。

这种形式非常适合使用"图片工具－格式>图片样式"命令让图片有一些变化，左键点击图片上方就会出现菜单，有很多种样式可以选择，加边框、加阴影、圆角、椭圆等。要注意有些样式会让图片清晰度降低，所以要慎选。

也可以使用"图片格式>裁剪>裁剪为形状"命令，把图片切割成一些特殊的形状。下图就是把图片裁剪成了平行四边形。

标题可以放在右侧竖排，也可以放在下方横排一行或两行。位置也不拘。标题颜色同样可以从图片中吸取颜色，但是这一次最好选择图片中所占面积比较小的，或者很鲜明的颜色，这样会让标题更加醒目，有画龙

图2-36 老式"电视机式"构图

点睛的作用。

正文部分的文字，根据标题的位置选择合理的位置即可，同样没有太多的要求。需要注意的一点就是，这一次因为标题和正文文字都在同一颜色的底板上，所以两者文字颜色最好不要一样，标题彩色，正文黑色或白色会比较合适。

⑥ 左右式

如果你的图片是纵向的而不是横向的，那就最适合使用"左右式"这种构图了。

把图片缩放或裁剪成页面的一半大小，这是最保险的比例。如果你的正文内容比较多，可以缩小图片的宽度。如果正文内容比较少，可以扩大图片宽度，总之，五五开、四六开、三七开都可以。

如果是横向的图片，可以裁剪掉一半，也可以在其中一半上面蒙一个半透明的蒙版，蒙版颜色还是同样的原则，从图中取面积较大的颜色，然后在此基础上做一些深浅的调整即可。

至于文字的排版，就可以随意了，反正就是这空白的一亩三分地，怎样都可以。

有没有觉得这样左右切分有点呆板？一个小技巧可以帮你打破这种观感，随便插入一个小形状，箭头、三角、心形、半圆都可以（图中是三角形），单击"开始"菜单中的"格式刷"，刷成和半透明底板一样的颜色样式，然后轻轻放在半透明底板的边缘，那种呆板感一下子就被打破了，显得很俏

图2-37　这张PPT采取了半页半透明蒙版的形式

皮。调整这个"形状"的大小和角度会有多种变化，把它和底板错开一线距离，或者重叠一线距离，又是另一种不同的感觉。如果你只是放了一张纵向的图在白色的背景上，占据了画面一半，怎么办？那就做一个白色小三角，放在图的那一侧，也有同样的效果（见下图）。

"左右式"还可以衍生出很多变化来。

如果你有很多张纵向的图，可以像下面图中这样排列，每一张宽度都相同也行，不相同也行。如果只有一张图，也可以像这样裁成好几个宽度不同的长条。如果你的图上杂乱信息太多，而你希望观众视线聚焦在图中某个物体上，这种裁剪最适合不过了。

图与图之间间隔的大小，可以衍生出多种变化。也可以把这几条图分别放在两侧，譬如一共三条图，在左边放两条，右边放一条，中间是正文，这样也是非常有感觉的设计。

图2-38 "左右式"的切割变化

⑦ 上下式

如果你的正文内容非常多，而且又有一二三四五六条，那么最适合这种形式了。

把你的图片裁剪成横长条，高度是画面的1/4到3/2都可以，放在画面上方或者下方，然后就可以在空白处安排你的正文内容了。像图上那样，每一条正文用一块文本框表示，简洁而容易阅读，而且还可以容纳非常多的文字内容。

图2-39　横长条图片显得开阔大气，版式又能容纳较多文字

⑧ 混合式

以上介绍的都是最基本的技巧，如果你已经熟练掌握，可以将这些技巧进行组合，创造更加复杂多变的样式。

譬如下图这种，就是"上下式"+"左右式"的结合。

图2-40　整体"上下式"，细节嵌套"左右式"

这种田字格、九宫格、六格、八格设计也是很常见的构图，可做到正文的条目和图一一对应，也可随意分布。图片和文本框做成方角、圆角或其他特殊形状都可以。

图2-41　格子式构图特别适合正文有多个条目的场合

将图片批量填充到格子当中是有技巧的，先绘制好你需要的格子，然后按住Ctrl键逐一选择你要填充图片的格子，选好后执行"绘图工具－格式>组合"命令，选择"组合"选项，将它们组合起来。然后再将

你要填充的图片缩放到与这个组合同样大小，可以适当将四周边缘裁减掉一些，让内容更加集中。然后把这张裁剪好的图片另存一下。选中组合，右键单击，选择"设置形状格式>图片或纹理填充>插入自文件"选项，然后选择刚刚存好的那张图即可。你会发现，所有你选定的格子都被填充了图片对应的部分。当然，如果你想要每个格子填充不同的图也没问题，那就逐个选择"图片或纹理填充"，只要填充的图片长宽比例保持与格子一致，图片就不会变形。

"上下式"+"左右式"还可以呈现下图这样的风貌。左右两个底板选择的是"插入>形状>箭头总汇"中的"右箭头标注"和"左箭头标注"。

标题左右两侧的装饰线是两根比较粗的虚线，交错一点放置，就形成了类似城墙

一样的效果。执行"插入>形状>线条"命令，选择第"直线"选项，绘制一条直线。然后在"绘图工具–格式>形状轮廓"中，"粗细"选择最粗的选项，也可以再加粗一些，"虚线"选择第二个选项"圆点"，然后再通过Ctrl+C，Ctrl+V复制一条，让两条线交错开来，虚实相对就可以了。

总之利用基本的"一图流"技巧，你可以灵活地变出无数种花样来。当你完全掌握这一技巧的时候，再回头看看网站上那些卖几十块，甚至上百块钱的模板，除了一些图表之外，基本上都离不开这几个套路，它们可能看上去更复杂，更炫酷，但是基本的构图都在这里了。其他的无非是增加一些页码、小图标、装饰图形而已。那些东西弄好了也不会给你的PPT加分，弄不好是画蛇添足。有了这些最基本的，其实已经足够了。

图2-42　另一种"上下式"+"左右式"的组合，两张图配两块正文

5 / 2

最犀利的文字与最醒目的呈现

前面我们讲过了PPT页面排版的问题，这一节就要讲讲如何设计文字内容了，同样的内容，到了高手手里，会变得趣味盎然，而在手残党手里，则索然无味。这之中当然有文采高下之分，但是技巧也是很重要的一环。除了文笔之外，文字的多寡，层级的设置也有诀窍，观众爱不爱看你的PPT，会不会眼前一亮，能不能对你接下来的演讲有兴趣，全都取决于文字内容的设计。

首先，我们要明确的一个原则就是：不要把你要讲的所有内容都写在PPT上。

这是初次演讲的人最容易犯的错误。如果PPT上包含了你要讲的全部信息，那么观众自己看就好了，还有必要听你逐一读一遍吗。PPT上的文字内容，应该达到以下几个目的：

● 重复强调重点，起到提纲挈领的作用；
● 要强调难点，把不容易理解的，容易混淆的，以及相对冷僻的内容写出来，便于观

众消化吸收；
● 最后，也是最重要的，PPT上的内容要能勾起观众的兴趣，让他们对你接下来的演讲充满好奇。

一页PPT上的文字内容，通常应该分为"标题－正文"两级结构，或者是"标题－小标题－正文"三级结构，如果你不能把要说的话归纳到两级或者三级，那么就应该分成两页PPT来表达。

每一页PPT的标题，都应该有内容、有观点，也就是说，必须是一句完整的话，而不是一个词或者词组，也不应该是一个开放式的问句。类似"我们能做什么？""行业现状"、"产品定位"、"项目概述"等，这样的标题都属于坏标题，一句废话，什么都没有表达出来，说了等于没说，而且全无个性。观众无法从这样的标题中获得任何有用的信息。看到这样的标题，大家应该不会惊讶，也不会觉得有趣，更不会产生好奇心，

除了一张冷漠脸，还能怎样？

如果以上四个标题改为："为每一辆车解决加油的问题"、"从收藏到投资，拍卖行业的巨变"、"这是每一个准妈妈都需要的产品"、"一个改变人们出行方式的APP"就会好很多，至少有内容了，能让观众知道你要讲什么。

光有内容还不行，标题还要让人眼前一亮，具有煽动性。要学会造词，用词要"狠"，要让观众的眼睛和大脑都感受到冲击。说白了，做PPT就是要做一个标题党，要语不惊人死不休。具体应该怎么做呢？方法有很多，一学就会，一试就灵。下面就拿我以前讲过的一些PPT的页面标题举例说明，这些标题可能在内容上更偏重于我最熟悉的游戏行业，其他行业的读者可以举一反三。

① 提问式

"除了打飞机和'打飞机'，VR游戏还能做啥？"

"手游的人口红利已经消失了吗？"

"今天你反人类了吗？"

"大象已经醒了，蚂蚁还有活路吗？"

"天下10000多家CP，几人称王？几人称霸？"

"连女朋友都没有，你还想做女性游戏？"

"如何让玩家更愉悦地付钱？"

这些提问式标题和前面举过的那个例子"我们能做什么？"不一样，它们都是有内容的问题。这些问题就像是评书里的扣子，"预知后事如何？请听下回分解。"勾得你心里痒痒的，目的不是问问题，而是引起你的好奇心。有些话，用叙述句说出来就显得平常，而用疑问句或反问句说出来则更能引人注意。提出一个问题，引发观众的思索，是获得观众注意力最简单的方式。"这个问题有点意思，听听他怎么回答。"当观众这么想的时候，他们就已经上了你的套儿。当然，提问也要有技巧，每一个问题里面都有一个或两个关键词，这个关键词要抓人。

"除了射击游戏和色情游戏，VR游戏还能做啥？"这样的标题就太普通了，虽然"色情"这个词也能给人一定的刺激，但是绝对不如"除了打飞机和'打飞机'，VR游戏还能做啥？"这样的标题带感，只要你念出这个标题，相信所有低头玩手机的观众都会抬起头来看着你。

而"今天你反人类了吗？"说的不过是交互设计的问题，但如果用"你的交互设计是不是让人觉得别扭？"这样的标题，那就太平淡了，而且还显得非常不专业。拔高一下，上纲上线，让观众觉得出大事了，这是个很严重的问题，关注度自然就上去了。

② 定义式

"粉丝就是生产力"

"IP不是万能灵药，IP是竞争力"

"所有免费玩家都是付费玩家的玩具"

"游戏，控制亿万人喜怒的无冕之王"

"手机是人体的第五肢"

"把爱好当成职业是最大的幸福"

"任何文化产品都是一种媒介"

定义式也是比较容易掌握的一种标题设计方式。给你要说的主题下一个定义就好了。但是这个定义不能太普通，太正经，不能是百度百科或新华字典里面的那种，一定要在正经的定义上去引申，想想怎样换一个说法能给人以耳目一新的感觉。

"所有免费玩家都是付费玩家的玩具"，这是什么意思呢？其实就是说"免费玩家构成了付费玩家的游戏环境"，但是如果这样说，就太专业了，不惊人，也不容易让外行理解，而"玩具"两个字就足够惊人了，"什么？一群用户是另一群用户的玩具，这是怎么回事？"相信很多观众会在心中有这样的疑问，自然就会勾起对你演讲内容的兴趣。

③ 造词式

"手游豹变，产业革面"

"势能叠加，IP价值辐聚"

"浅文化时代的文化产品"

"百分百空手夺用户"

"冷媒介推进文化聚合"

"无IP，不成活"

"降维打击，研运一体"

"造词"又是另一种"惊人"或者说"吓人"的方法。创造一个前所未有的词或者词组，观众没听过，自然会觉得新鲜。但是造词一定要有所本，不能生造。

我们可以把约定俗成的句式换掉一两个词，造出一个新词。例如"手游豹变，产业革面"来自于《周易》中的"君子豹变，小人革面"。或者把甲领域的专有名词，嫁接到乙领域来用，例如"势能"是物理学名词，现在拿过来说IP——"势能叠加，IP价值辐聚"。总之一句话，就是利用不常见的排列组合，来形成独特的文字震撼力。

像是苹果官网上著名的"比更大还更大"也属于这一类造词式标题。人们以前从来没听过这样的句式和说法，听着觉得新鲜甚至别扭，就有了兴趣以及非常想要吐槽的冲动，那么你的目的就达到了。

④ 对仗排比式

"手游江湖之变易、简易、不易"
"技术为体，美术为貌，策划为魂"
"情怀向左，收入向右"
"浮华易逝，文化永恒"
"可以没有创意，不能没有差异"
"你可以不懂美术，但不能没有审美"
"设计第一，交互第二"
"左手抓设计，右手抓体验"

对仗和排比与演讲是天生的绝配，这是两种自带节奏和韵律的修辞手法，非常适合读出来，而且也具有更大的声音穿透力，容易被人记住并重复。演讲当中多使用这两类修辞手法，能大幅度提升演讲的效果。

如果你这一页要讲的内容普普通通，实在想不出什么太出奇的标题，那就把你要说的话用对仗或排比的形式表达出来吧！像是"手游的设计与交互"这样的标题，实在是太平凡了，而"设计第一，交互第二"套用了"友谊第一，比赛第二"的句式，让人产生熟悉感的同时，也产生了一个疑问，为什么说设计第一？而不是交互第一？这个疑问就是让观众将注意力放到你演讲上的一个诱饵呢！

再比如，"手机游戏的美术设计很重要"这样一个话题，我使用过"这是一个看脸的时代"这种约定俗成流行语的标题，这

种标题适合针对泛游戏行业或者非游戏行业的人的演讲，因为这种流行语任何行业的人都听过，都会有熟悉感。但是，如果针对游戏研发人员、制作人和游戏行业创业者的演讲，就可以深入到制作层面来说，那么"你可以不懂美术，但不能没有审美"则更为适合了。

还是举苹果官网的例子，"一身才华，一触即发"也属于这一类。

⑤ 比喻式

"池子够大，才有鲸鱼"
"两头上天堂，中间下地狱"
"又快又精致地割掉第二茬草"
"用户只在乎菜的味道，不在乎农夫的相貌"
"留下你的水晶鞋：给你的产品一个令人难忘的标签"
"引刀自宫，专心做专业的事"

比喻又是另一种好用的修辞手法，如果你要表达的内容本体不够惊人，那么就用一个惊人的比喻将它呈现出来吧！比喻像是"化妆+修图"，一下子就能让你原本要说的话变得亲妈都认不出来！以上六个标题当中的前四个，都是暗喻，我不说，你知道我要讲什么吗？你可能猜不出，但是隐约有感

觉，好像很多观点都可以套用这样的比喻，对吗？这就是比喻的魅力。

"池子够大，才有鲸鱼"说的是手游用户基数要达到一定程度，才会产生大R用户（人民币用户的简称，指的是那些在手游中大量充值的用户）。

"两头上天堂，中间下地狱"说的是用户对于某一类产品的消费观要么趋高，要么趋低，中档商品获得用户的消费冲动越来越艰难。

"又快又精致地割掉第二茬草"指的是当某个文化产品大获成功的时候，后续第一个出现的，具备一定品质的模仿产品会获得其绝大部分红利。

"用户只在乎菜的味道，不在乎农夫的相貌"指的是大部分用户想要的只是产品，而对于产品的开发者其实并没有兴趣，如果过度宣传开发者，反而会引起用户的反感情绪。

后两个例子是明喻，其实把前半句话去掉，也是一个很清晰准确的标题，但是不够惊人，加上前半句，一下子就惊艳起来了。"水晶鞋"和"引刀自宫"这两个比喻背后都依托了一个故事，或者说是典故，背后暗含的内容比较丰富，这样的标题本身就能让人产生很多遐想。

⑥ 断言式

"文化产业复兴，自手机开始"
"二次元是个坑，不懂不要碰"
"中国游戏业欠全体玩家一台游戏机"
"一个团队的PPT水平=产品水平"
"游戏，通过手机入侵你的生活"
"你的高度，决定了外包的高度"
"不赚钱的创业者是可耻的"

所谓"断言"就是铁口直断，它和"定义"比较类似，都是明确地表达一个观点。唯一不同的是"定义"还比较"要脸"，需要在真正的定义上去做引申。而断言则是"我脸大，听我的，我说得都对"。不要考虑客观不客观，不要考虑这个断言在哪种情况下成立，哪种情况下不成立。譬如苹果官网上，AirPods耳机页面的"无线，无繁琐，只有妙不可言"，就是一个断言，虽然绝大部分用户并不这么认为，关于这款耳机的吐槽遍及整个互联网，但是无所谓啊，我就这么写了，你咬我啊！你不得不承认，这句话是个好标题。

像是"中国游戏业欠全体玩家一台游戏机"这个标题也是这样，中国游戏业真不欠玩家什么，只不过我今天要推销游戏机，我就说欠玩家一台游戏机，明天我要是推销Gal Game（美少女游戏），我也可以说中国游戏业欠玩家一个Gal Game，管它呢！

断言就是要坚定，你说得越有底气，越扯虎皮做大旗，观众越容易相信你。

⑦ 文艺式

"光影神话：光中的一粒沙，是黄金的尘埃"

"节奏感：行云流水，张弛有道"

"公序良俗——你不尊重世人，世人也不尊重你"

"不动如山，产品是我们永远的核心"

"二次元与三次元之间，从来没有墙"

如果以上一切方法都没法拯救你平庸的标题，那么我们还有最后一招，那就是"文艺"。翻翻心灵鸡汤类的畅销书，看看女文青的微博和朋友圈，我们很容易就能找到一些灵感。找到那些看上去很美的词或句子，借用一下，作为我们标题的包装，也是一种吸睛的好手段。

"第一最好不相见，如此便可不相恋；第二最好不相识，如此便可不相思。"这优美的诗句迷倒了无数少女，而它准确的翻译则是"要么先前未见，免得心绪不宁。要么最好陌生，免得悲伤降临。"原文是禅理而不是情歌，但是后一种翻译估计姑娘们连看都不想看。"文艺"的魅力，可见一斑。

⑧ 字数、字体和字号

之前提到过，一页PPT的内容最好分三个层级，那么这三个层级的字数分别是多少才算合适呢？

标题是最不受限制的，多少字都可以。少到可以是一个字。我之前演讲使用过的PPT当中，有过整个PPT所有页面标题都使用一个字作为标题的，也有都使用四字成语作为标题的，两者都是在国际大型会议上的演讲，一个是CGDC（中国游戏开发者大会），一个是GDCC（全球游戏开发者大会·中国），效果都不错。标题多少字也没有什么限制，但最好在一行之内能写下，若实在写不下，极限长度不应该超过两行。

如果有小标题的话，小标题应尽量简短，10个字以内比较合适。小标题应该是辖下正文中心思想的总结，如果小标题过长，就失去了它存在的意义。需要不需要小标题，要根据正文来定，如果正文部分条目较少，只是一两段完整的文字，自然不需要小标题。如果正文分了几条，但是这几条正文简短而清晰，只有一句话，也不需要小标题。如果正文内容比较多，重点也不突出，需要分分类才比较清楚，那么每一类就需要有一个小标题来作为正文的总结。

那么正文条目或者说小标题的数量有没有限制呢？最少当然是两条，一条就谈不上什么条目了，三到五条是比较适宜的数量，最多不要超过八条，如果超过八条，你就需要看看是否可以删减一些正文，或者把正文的条目进行合并，太多的条目看上去很繁琐，容易让观众产生厌烦情绪。

下面说说字体。

对于新手来说，在一个PPT中，所有的文字都统一成一种字体是最不容易出错、最有效率，且效果最好的方式。而最适合的字体就是"微软雅黑"；如果你的演讲内容轻松活泼，可以尝试"幼圆"字体；如果演讲场合更正式，可以使用"黑体"；如果内容偏古典和传统，可以用"宋体"或"楷体"。这几样基本就够了，不建议使用太怪、不太常见的字体。英文同样遵循这个原则，最好全部统一为一种字体。

如果一定要在字体上做出一些花样来。一些装饰性质的数字可以使用特殊的字体，例如页码、数字等。如果特别有必要，中文部分可以使用两种字体，譬如说你要做一个中国风的PPT，标题选用"行书"或"行楷"一类的字体体现中国风，而正文则使用"微软雅黑"或"宋体"，便于观众识别。

再来说说字号。

不同的层级当然应该对应不同大小的字号，大标题字号应该尽量大，正文字号要小，但是也不能过小，过小会让观众看不清楚。可反复尝试不同的字号，如果你觉得再大一号就会不美观或者不协调，再小一号也勉强能看清楚，那么中间的这个字号就刚刚好。在一个PPT里，根据不同页面排版和内容多寡，正文字号可不同，但最好统一为两个相邻的字号，否则会显得杂乱。

小标题的字号要根据设计确定，原则上可以和正文字号相同，或者比正文大一个字号。当小标题和正文字号相同的时候，怎么突出小标题呢？除了改变文字颜色之外，加粗和加下划线是最好用的两个方式，过小的字号不建议用阴影，会影响辨识度，让人看不清楚。同理，大标题也可以用加粗和加下划线让它更醒目，因为字号比较大，在大标题上使用阴影效果会比较好。

⑨ 颜色，颜色，要命的颜色

很多人会说，我的PPT排版挺好看的，但就是颜色不知道怎么搭，怎么弄都很土。你可以尝试把PPT用黑白打印机打印出来，如果黑白打印稿看上去比彩色的舒服很多，那么你一定是在配色环节出了问题。

有关配色，前两节零散说过一些，这里做一下总结。

首先是背景色，背景色选择从白到浅灰、中灰、深灰再到黑，这一系列颜色是绝对不会出错的。而非常接近于黑的各种深色，以及非常接近于白的各种偏灰的浅色，也比较适合做背景色。请注意一定是偏灰的浅色，不能是很纯的浅色，颜色纯度太高会导致背景很跳很刺眼，抢夺观众的视线，削弱了内容的吸引力。简单说，当你的PPT选择了内置默认配色主题的时候，也就是"Office颜色主题"的时候。

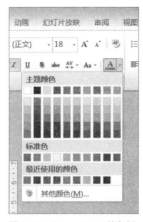

图2-43　PowerPoint的色板

当你打开PowerPoint的色板，"主题颜色"中左起1、2纵列，以及第2横行，或者是RGB都小于40的颜色，都很适合作为背景色。还有一个小技巧，如果觉得底色还是有点重和跳，实在选不出适合的颜色，可以适当增加透明度。

如果使用带纹理的背景图，同样遵循以上原则，要么很深，要么很浅，颜色纯度不要太高，纹理不要太跳。如果使用图片作为背景，下一节会详细介绍。

背景确定了，下面就是文字颜色。基本的原则就是深色背景配白色字，浅色背景配黑色字，中灰色的背景，黑白两种颜色的字都可以。由于文字会有标题、小标题、正文三种不同层级，那么应该如何分别设计它们的颜色呢？稳妥的做法是其中两种文字统一为黑色或白色，另一种文字是彩色。标题或小标题其中之一选择彩色比较适合，正文由于文字较多，占据面积较大，更适合稳重的

黑色或白色。

那么作为标题的这个彩色具体应该选择什么颜色呢？

如果背景是彩色的，文字当中的这个彩色要和背景的彩色相协调，两者应该为同一个色系，并且一深一浅。譬如背景是深的藏蓝色，那么文字当中的彩色就应该是浅蓝色或浅灰蓝色。如果背景是浅灰蓝色，那么文字应该是藏蓝色或深宝蓝色。

如果背景是黑白灰，这唯一的文字上的彩色应该怎么选择呢？这个问题也很好回答，你们公司的Logo是什么颜色，就选什么色系，绝对不会错。你要是在微软工作就选蓝色系，在爱奇艺工作就选绿色系，在搜狐工作就选黄色系，在天猫工作就选红色系……因Logo的颜色是公司的标识之一，PPT的主体颜色选择和Logo一样的色系，会更容易让人把你和你的公司联系起来。其次是PPT上经常会出现公司的Logo，选择和公司Logo一致的主色调，会让画面的颜色更协调。此外就是公司的Logo大家经常见，尤其是在公司内部的演讲，选用Logo色系会让大家产生亲切感，一个简单的选择，就能让领导和同事对你产生好感，还有什么事能比这更划算的呢？

色系确定了，具体的文字颜色应该怎么选择呢？建议选择饱和度偏高一些的颜色，这样才比较醒目。色板当中的"标准色"就是很好的选择，"主体颜色"的第一行和最后一行都可以尝试看看。

6/2

关于图片的秘技

关于图片，前面零零散散也说了很多了，这里依然是做个总结。

PPT中的图片使用，可以分为两大类，一类是背景，一类是插图，两者的区别在于，前者的上面可能会叠加文字或形状，而后者则不会。

① 背景图的处理

作为背景的图，整体色调要相对均一，在太斑驳的图上面叠加文字的话，文字很难凸显出来，会降低文字的识别度。如果做不到整张图色调均一的话，最好要有一定的区域色调是均一的，譬如蓝天、空旷的地面等，可以把文字放在这个部位，这样就容易看清楚了。

如果一定要使用一张斑驳的图作为背景，怎么办？就像下面这张PPT一样，背景太杂乱，有很深的树干，又有白色的阳光，无论是在上面放深色字还是浅色字，都会有不清晰的问题。

图2-44 斑驳的背景图片让文字显得破碎

这种情况下，可以在图片上蒙上一张半透明的底板，像下面图中一样，底板选择了深蓝色，把透明度设定为45%，这样上面的白色文字就可以比较清晰地显现了，整体效果很不错。

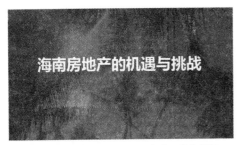

图2-45　浅色字配深色蒙版，深色字配浅色蒙版

　　我们还可以在图中选择元素不太杂乱的区域，截取出来，作为背景。这样，我们想要的蓝天椰树的海南风光依然在，但是背景却变得很干净，文字也清晰了很多，甚至构图上也更简洁鲜明，重点突出。

图2-46　在大图中截取需要的部分作为背景

　　之前反复提到过，找图一定要找大图，这里就可以看出大图的好处了，这种情况下就有更多可裁剪的余地。图更大，使用的灵活度也就更大。如果有水印，截掉就好了，难道要用绘图软件一点一点地修掉？且不说效果不能保证，而且太麻烦，不够有效率，不符合我们这本书的宗旨啊。

② 图片太小 怎么办

　　如果某张图片特别适合这页PPT的内容，唯一的问题就是太小了，而且你又在网上搜了一个遍，实在找不到更大的了，这时候应该怎么办呢？当然最好的办法就是采用前面讲过的"左右式"、"上下式"等构图，让这张图作为插图而不是背景图，不要让它充满整个页面就好了。如果你一定要让它在页面上呈现的面积最大化，作为背景出现，那我也有办法。

图2-47　让小图"变大"的秘技

　　可以先把这张图放大，让它充满整个页面，因为图本身比较小，放大后看上去很糊，效果并不好。下一步我们让它糊上加糊，单击图片，选择"图片工具－格式>艺术效果"选项，单击第二排最后一个"虚化"选项，我们就得到了一张更虚的图，但是这种虚并不是那种像素比较低的"模糊"，而是看上去很有设计感的虚化，以这张虚化的图作为背景就很好。我们还可以再把没有经过放大的原图，放置在这张虚化的

图片中央，再选择"图片工具－格式>图片样式"选项中的第4个效果"矩形投影"，齐活儿！是不是很有设计范儿？好像是故意做出的效果，一点都看不出只是因为图片太小而不得不这样处理。其他的"艺术效果"也各有各的特色，或多或少都能掩饰图片质量不高的问题，如果你愿意，都可以尝试看看。

图2-48　还可以使用"分身"的方式让小图"变大"

如果你的图片更加小且是纵长的，可以尝试使用这个方法：把图片放在页面中央，调整好大小，让图片顶天立地，依然加一个"矩形投影"。

然后把这张图片复制两张，再把新复制的这两张图缩小一圈，打开右键菜单，选择"置于底层"选项，然后把这两张图一左一右排列，左右对称，且位置稍稍偏下，也就是上方的留白要比下方多一点，左右两侧紧贴页面边缘，最后依然把这两张图设置为"艺术效果"中的"虚化"。

再拉一个和页面等大的长方形，选取图中最深的颜色填充上去，设置为"无轮廓"样式，然后打开右键菜单，选择"置于底层"即可。

看吧！图还是那张小图，只不过使了一个分身术，一个变仨，像是三头六臂一样，体积感一下子膨胀了。同样，你还可以举一反三，试试其他"艺术效果"的效果。

③ 用图片说话

有时候，你的PPT标题比较平常，内容也不够有吸引力，那应该怎么办呢？可以找一张令人震撼的图，让图替你说话。这张图除了足够清晰，足够美观，和内容足够有关联性之外，还应该能够对文字之外的信息做出补充，就像是漫画与漫画中的文字两者的关系一样，有些要表达的内容，可以让它藏在图里。

这种信息的补充可以是强化型的，通过图片再次去强调文字中的重点。例如讲到中国市场，可以选择中国地图、长城、黄河、故宫等标志性风景图片，进一步强调"中国"这个概念。

图2-49　这页PPT是2014年做的，当时的预言现在都实现了

还可以是情感型的。

很多抽象的概念，用一张合适的图强化表达，就会产生更打动人心的效果。如下图，"累觉不爱"这个标题是个常见的网络用语，如果我们用它作为关键词，可以搜出一大堆类似于表情包的图片，但是这里选取的却是一张搜救犬"累成狗"的图。因为这页PPT要表达的主题是：很多重度手机游戏设计了大量消耗玩家时间的系统和活动，会造成玩家因为累而离开，如果游戏和工作一样累，那么我们为什么还要玩游戏呢？这张搜救犬的图很好地点出了这一主题。

图2-50　配图巧妙地嵌入了"累成狗"这个网络常用语

最后，最令人惊艳的配图方式就是内涵型配图。

"人人都想进入游戏业"是个很普通的标题，说的是影视、文学、动漫等各行各业都想依托各自的IP进入到游戏业分一杯羹，赚一笔大钱。这样普通的内容，通过"进入"这个关键词引申开来，锁定了一张大量精子进入卵子的图，配上旁边的"18+"，有种让人会心一笑的戏谑，同时也表达了很多层次的含义：大量其他行业的IP都想进入

游戏业，最终能成功的不多；只有自身强大，才能和游戏业很好地结合，如果自身弱小，想借助游戏赚一笔，则很容易美梦落空；就算"进入"了游戏业，十月怀胎，一朝分娩，还有漫长的路要走，不一定会成功；就算最终成功了，养个孩子可比"来一发"要消耗的资源高太多了……这样丰富的内涵，人民群众喜闻乐见，演讲效果肯定不错！

图2-51　内涵总会让人会心一笑

内涵也不一定非要走下三路。下面这张PPT也是深度内涵的佳作。PPT要表达的内容已经清楚地写在页面上了，一款游戏即使玩法再好，如果美术很糟糕，程序全是BUG，玩家根本没法玩，自然体味不到策划设计的妙处。

图2-52　深度内涵让人回味无穷

这里的配图使用了一张用乐高玩具拼出的霍金。霍金大家都知道，是著名的学者，用他比喻游戏优秀的玩法设计再恰当不过。同样，大家都也知道，霍金患有疾病，不良于行，无法顺畅地表达和交流，很像是游戏程序出了BUG；而乐高玩具类似马赛克的构成方式，则很形象地体现了粗糙的美术水平。黑白的图片，背景的荒漠，精准地扣住了正文中"埋没"两个字，堪称是文字与图片相得益彰的典范。

④ 真·一图流

前面介绍过"一图流"，说的是一页PPT用一张图+一系列文字构成，这种设计方式既不呆板，又不简素，而且用起来也非常简单，任何人都能轻松掌握。当然，我们在"一图流"那一节的"混合式"当中也提到了一个页面使用多张图片的设计方法，这里所谓的"多张图片"，可以是一张图裁剪成多张图片，也可以是完全不同的多张图片组合，这种设计方式可以称为"多图流"。

那么，"真·一图流"又是怎么回事呢？"真·一图流"说的是整个PPT的所有页面只使用一张图。

通过对这张图的裁剪、变形和添加艺术效果，让这张图呈现不同的风貌，能够满足十几页PPT的需要，还不会让人感到重复。

"真·一图流"的好处在于，整个PPT的色彩风格更趋于统一，显得更专业。我们实际操作过一套"一图流"PPT之后就会发现，每页一张图，其实并不太好找，要保证整个PPT风格的统一，每页的图也应该做到风格相似，色调协调，做出来的PPT才好看，这样就会给找图增加很多难度。而"真·一图流"则很好地解决了这个问题，为我们节省了大量找图的时间。其实，我们从网上下载的很多PPT模板使用的都是"真·一图流"技巧。

首先你要准备一张图。这张图要足够大，上面的元素不能太简单，譬如前面那张只有天空和椰树的图就不适合。不管图上元素的大小，这张图上至少要有4~6个不同的元素才比较好。例如下图。

找到合适的图之后，我们要把这张图缩到PPT页面需要的大小，并且从中选取这样两个颜色：一是除了黑色之外最深的且面积最小的颜色；二是和这个颜色同色系的，所占面积较小但较为鲜明的颜色。如图中那

图2-53　准备好一张图，在图中找出同一色系的深浅两种颜色

样，做成色板保存好，我们把它们分别称为"深色"和"浅色"，只要利用这两个颜色，加上白色和黑色，就能做出很漂亮的模板了。

然后，我们再从这张图上，以某一个元素作为重点，截取3~4张可以作为PPT背景图的比例为16:9的图片。如下图中在一张图上截出了4张背景图。

图2-54　以不同的元素为焦点，将一张图切成4张背景图

下面就可以灵活运用前面学到的方法，利用这5张图片，开始做一套完整的PPT模板了。

这是一套总共11页，相对比较简洁的，只包括文字，不含图表的模板，基本上都是前面提到的各种方法的灵活运用。

首先是标题页面。这里用了两个大小不等的、半透明的"深色"、"直角三角形"，在"形状"当中可以找到，另一个水平翻转一下并进行缩放即可。这种分割设计进一步凸显了原图片的重点，而且让整个画面更加稳定，让下方的文字更为清晰。标题下方衬了一条"浅色"直线，执行"插入>形状"

命令，绘制一条直线，在"形状轮廓>箭头"当中选择两端圆头即可。

图2-55　采用"真·一图流"方法制作的PPT模板的标题页面

第一页PPT。这里使用了"形状"当中的"泪滴形"，在其中填充了一张图片，方法如下：先插入一个"泪滴形"，并调整好大小，然后将图片剪切缩放成"泪滴形"的外切大小，选取图片，执行"裁剪>裁剪为形状"命令，选择"泪滴形"即可。然后，将之前的那个"泪滴形"填充"深色"，并且调整到比"泪滴形"图片稍微大一点，让两者的位置稍微错开一点即可。左下角的页码底板也是"深色"的"泪滴形"。因为背景是白色，所以标题设为"深色"，正文为"浅色"。标题下方同样衬了一条两端为圆头的直线，但是选用了"深色"。

图2-56　模板的第一页

89

第二页PPT。这一页和第一页的思路是一样的，只不过将"形状"换做了"等腰三角形"对图片进行切割，看上去和第一页就有了很大不同。这页根据构图的需要，将页码放在了右下角。此外，这一页出现了小标题，小标题和标题一样使用了"深色"文字，并增加了下划线，虽然字号和"浅色"的正文相同，但看上去已经足够醒目。

图2-57　模板的第二页

第三页PPPT。这一页和标题页的设计思路是一样的，同样两个"直角三角形"，不同之处在于两者大小相等，而且放置的位置和方向与标题页不同，这页的两个三角形使用了半透明的白色，这样"深色"的标题和"浅色"的正文文字都很清晰。

图2-58　模板的第三页

第四页PPT。这一页使用了"形状>箭头总汇"当中的"五边形"和"燕尾形"排列出一个横向的图形，并且填充了图片。这样的形状对应下面的三块正文，可以鲜明地表现出三块正文内容的递进关系。此外图形或图片在页面框之外的部分不需要裁掉，全屏演示的时候是看不到的，除非你使用了一些特殊的页面切换动画。

图2-59　模板的第四页

第五页PPT。图片使用了"图片样式"当中的"柔化边缘椭圆"，标题使用了"深色"圆形的底板，标题的白色文字是逐个打出来后放到底板上去的，这样对位会比较容易一些。正文文字写在了"偏心式"的"深色"底板上。

图2-60　模板的第五页

2.6　关于图片的秘技

第六页PPT。这一页使用了"左右式"构图+"上下式"分割。左侧下方的三个矩形都使用了"深色",但是分别设置了不同的透明度,看上去就有了深浅不同的层次感。右侧的标题和正文选择了右对齐,整体的平衡感控制得很巧妙。

图2-61 模板的第六页

第七页PPT。这一页把标题放在画面的正中间,采用竖排版和横排版结合的形式,半透明的"浅色"底板被标题中的加大字号的关键词所切割,会让标题中的关键词更为凸显。这种构图给人以气势磅礴的感觉,特别适合全局性内容。

图2-62 模板的第七页

第八页PPT。这一页用了三个"深色"半透明圆形,对应正文的三个要点。设计上采用了一大两小的散点式布局,显得比较活泼,并且对最大的圆形做了一个切割,上半部分放标题,下半部分放正文,构思巧妙,不落俗套。

图2-63 模板的第八页

第九页PPT。这一页模仿了活页笔记本的风格,连接两个深色半透明矩形的"活页环"是通过"形状>流程图>库存数据"命令制作的,并且做了"旋转>向左旋转90度"设置,填充了半透明白色。右侧的白色边框是由一对方括号+一条直线+两条单侧圆形箭头直线拼接而成的。这一页和上一页文字都是白色,所以都用"浅色"做了一些装饰。

图2-64 模板的第九页

第十页PPT。这一页使用了两张图。选择其中一张整体颜色较浅，构图比较简单，色彩比较统一的作为背景图。采用了左右式结构。左侧是一张饼图。执行"插入>图表>饼图"命令，随便选择一种式样均可。插入图表后，选择图表，打开右键菜单，选择"填充>图片"命令，选择另一张颜色较深的图片，确定即可。用这种方式制作图表，可以在一定程度上淡化数据，尤其适合数据数值不确定，有一定范围的场合。右侧是浅色的标题和白色的正文，标题前面的"$"符号选择了一种美观的字体和较大的字号，同样填充了和饼图一样的那张图作为底色。全选文字，打开右键菜单，执行"设置文字效果格式>文本填充>图片或纹理填充>插入图片来自>文件"命令，选择同一张图即可。

图2-65　模板的第十页

最后的结束页PPT。这一页使用了简洁的"深色"半透明等腰三角形压在背景图片上方，打破图片的重复感，同时也能让文字更为鲜明。

图2-66　模板的结束页

做这样一份PPT，也许一开始你需要一两个小时的时间，但是熟练掌握方法之后，肯定能够在半小时内完成。最终的效果并不比网上下载的那些模板差。而且非常简洁好用哦。

7／2

利用现成的模板整理思路

这一节我们说说模板。

很多人做PPT喜欢去下载一些模板，这当然是一种事半功倍的好方法。还可以根据内容需要，有针对性地去下载对应用途的模板，譬如说网上就有工作总结、商业计划、个人简历等模板分类。

使用模板，看起来很美，但实际操作起来你会发现有很多问题，尤其是新手：网上的模板浩如烟海，你很难找到你想要的那一款。好不容易找到一个看上去还不错的，下载下来一看，又会有各种各样的问题：譬如版本不兼容，缺少字体，模块不能修改等等。要么放弃这款模板重新去寻找，要么边调整边使用，用得磕磕绊绊。最后你会发现，光是找模板的过程就用了不止半个小时，而且这个过程充满了挫败感。好不容易找到了一款看上去很美的模板，但用起来又各种不顺手，还不如自己做。

可是，网上的模板有精致的设计，精确的图表，精美的图标，确实又不是一般人的水平能够做得出来的。这该怎么办呢？要利用模板资源，需要掌握一定的方法。

① 找啊找啊 找模板

如果你有充足的时间，可以先海量下载一批模板，然后逐个对这批模板进行检查、分类，剔除那些设计过时的，画面不精美的，版本过老的模板；再把风格比较相似的模板放在一起作比较，留下最好的一两款；最后逐个检查模板的可用性和兼容性，看看是否可以方便地编辑等。筛选出最好的一批模板之后，按照你的使用需要，对它们重新命名。可以采用"古董文物"的命名方法，即"色彩+风格+用途+特色"这样的命名方式，这样会非常容易辨识，用起来很方便。例如"红色系平面商务多图表动态模板"、"高级灰杂志风多图片项目介绍模板"，这样在需要的时候就可以按照名称准确选用了。这种方法适合经常制作PPT的人，储备一批优质模板，便可以随时应付各种情况。还要注意的是，应该每年检查一次你的模板库，淘汰旧的模板，补充新的模板。

如果你只是偶尔做PPT，不希望花那么多时间搜集整理模板，又希望用的时候能够迅速找到合适的模板，怎么办？如果你的朋友当中有上面说的那种人，那就最好办了，做个伸手党，去找他要，难题就这么愉快地解决了。

如果你没有这样的朋友，还有一个非常简单的办法，那就是"没有什么是钱不能解决的"。网上的资源之所以浩如烟海又良莠不齐，难以筛选，归根结底原因只有一个，那就是这些资源都是免费的。你不能指望免费的资源质量都很好，分类很清晰，让你随时可以取用，但是收费的资源却可以做到。很多PPT网站都有驻站大神上传自己制作的PPT模板，其中比较优秀的模板都是收费的。你只要在收费资源当中去寻找模板，质量通常都可以保证，数量也没有那么多了，比较容易筛选。

一款收费的PPT模板十几块钱到几十块钱，也就是一顿快餐的价格，但是它能帮你节省至少半个小时的时间，又能让你获得更好的演讲效果，还是很划算的。如果你发现哪位PPT大神的风格你特别喜欢，或者特别适合你，就可以把他收藏起来，以后再找模板的时候，只要看看他有什么最新的作品就好了，这样就更简单了。

② 改啊改啊 改内容

我们前面讲过了那么多的PPT制作技巧，你应该已经能够制作出简单、美观而又相对高大上的PPT了吧。我们之所以需要模板，一方面是它能给我们提供更专业的设计，另外一方面，它也能够帮助我们整理演讲思路。

通常我们在制作PPT之前，已经想好了演讲的内容大纲，但是先说什么，后说什么，通过什么方式去论证观点等细节，可能还没考虑得很清楚，而使用模板的过程，就是让这一切清晰化的过程。

我通常喜欢选择那些页数比较多的模板，但是会把它们打乱次序来使用。首先整理好你第一页PPT要说的内容，然后打开模板，在这几十页中搜索和你第一页内容对应的页面设计。看看模板中的所有页面，在构图、图标、内容层级等方面，有没有特别适合去表现你这一页内容的那一张，不用百分百合适，只要找到最适合的那一页就行。

找到这最适合的一页之后，把你设计好

的内容填充上去。这时候可能会出现不完全匹配的状况。譬如模板上有三个小标题，而你的内容只有两条，这时候你就需要考虑一下，是不是从三方面去论证这个观点会更好？现在的表达，把它说透了吗？是不是有让观众不容易理解的地方，需要补充一些内容？如果评估下来，觉得补充一条内容会更好，那就再增补一些内容，如果觉得现在这样就很好，那就需要把模板调整一下。

人很容易陷入到"知见障"当中，也就是说，对于自己所知的东西，认为每个人都应该知道，不需要解释。但是演讲本身就是向公众传达你的观点的过程，公众之所以对你的演讲有兴趣，一定是对你的"所知"有所不知。所以不要主观地认为有什么东西是每个人都应该知道的，像吃饭喝水一样不需要说明。

但是，大部分掌握着知识和技能的人，对于自己熟知的领域，就像吃饭喝水一样，已经形成了本能的反射，所以人们有时候很难自知哪些东西是自己熟悉而公众不熟悉的。例如在游戏行业，说到CP（游戏开发商）、IP（具有知识产权可授权的文化产品）、ARPU（每用户平均收入）、大R（高消费人民币玩家）、MMO（大型多人在线游戏）、MOBA（多人在线战术竞技游戏）等专有名词，几乎不需要解释。但是如果这是一场针对公众、学生或者行业新人的演讲，则需要对这些名词做一个说明。

即使我们认识到了这一点，很多时候也会因为太熟悉而遗漏。前面讲过的试讲，可以一定程度上发现并解决这个问题，而这里讲到的通过模板去自省，也是解决这个问题的一个好方法。

这个过程就是一个让形式和内容互相妥协，最终达成高度统一的过程，如果模板里有图表，那你就要想想，是不是需要补充数据？如果模板运用了对比的设计，那么你也看看你这页的内容是否可以找一个对比项……采用这个思路，你会发现，模板不仅会让你的PPT变得更美观，更会让你的演讲内容变得更丰满。这才是使用模板的最大意义所在，你学到了吗？

8/2

这样展示数据最吸引眼球

据说，HR看一份简历的平均时间只有20秒，VC看一份商业计划书的时间也不超过1分钟，至于你的观众看你一页PPT的时间，可能只有1、2秒，在这短短的时间内，如果你的PPT没有吸引到观众的眼球，他们通常又会低下头去，继续玩他们的手机，如果你讲得很精彩，他们可能会分一只耳朵给你，如果你讲得一般般，可能连这一耳朵都得不到。

① 给数字化妆

怎样让你的PPT先声夺人，吸引观众的视线，把他们拉回到你的演讲当中呢？前面说过了通过图片获取吸引力的方法，这一节就来说说数字。总体而言，图片比文字更吸引人，而在一大堆文字当中，数字的吸睛能力又略微高那么一点点，而我们要做的则是需要通过一些方法，去强化这"一点点"，把它变成"不止一点点"。

首先，我们要了解，出现在一行文字当中的数字，阿拉伯数字要比汉字更突显，更吸引人。如果你想让数字从文字中跳出来，就应该使用阿拉伯数字。而单独出现的数字，阿拉伯数字存在感则比较低，会让人产生壁纸效应，默认为是页码或者列表编号一类的"不重要"的数字，从而忽略过去。这时候就需要从字体、字号、字色上去强化数字，让它显得更重要。

单独出现的数字，如果使用了汉字或大写汉字，会给人一种隆重的感觉："似乎很重要，但是数不清楚到底是多少。""看上去很有装饰感，一定是个不错的数字吧！"如果有些数字很重要，但是你又不想让观众精准判断出它的具体数值大小，就可以用这种方式来呈现，譬如之前提到过的，你所在的分店销售额是全国倒数第一，如果一定要把年销售额写在PPT上的话，就请使用这个方法吧。

在一行字当中，无论是数字还是其他关键词，凸显它们的方法很简单，那就是"增大字号+加粗+改变颜色"。很多人喜欢做这样的PPT：一个标题+一大段或几大段Word文档一样的内容。这会让观众觉得"太长懒得看"，但如果确有需要，这样的PPT当然也可以做，但是最好将其中的关键字凸显出来。任何一个一点都不走心的PPT，只要稍微把字号、字色区分一下，标题加个粗，再把关键数字增大字号+加粗+改变颜色，都会焕然一新。虽然谈不上有多好看，但是易读性却增加了很多。

② 图表法

当今社会已经进入了读图时代，数字相对于图片来说是枯燥的，不招人喜欢的，容易被忽视的。而一旦把数字进行可视化转化，把它变为图片或者图表之后，就容易让人接受了。

将数字可视化最简单也是最常用的方式就是使用PowerPoint中自带的图表。执行"插入>图表"命令，选择适合的图表插入到页面当中，再输入数据就可以了。很多PPT模板中也有大量美观的、可编辑的图表可供使用。但是，这种官方图表的问题也是显而易见的，过于严谨和规范，显得不那么平易近人。那种高高在上的理科感并没有让数字变得易于理解和更有冲击力。这种图表其实更适合非演讲类PPT使用，适合让人仔细地去研读。而在演讲的情境下，观众的视线只有一两秒钟会停留在PPT页面上，而这种图表通常需要花上一点时间才能够读懂，这中间存在着错位。

如果是简单的数字，用这种图表是比较适宜的，例如几家公司的市场份额，用一个饼图会更加直观。但是过于复杂或不便于直接比较的数值，则不太适合这种方法。或者说，演讲用PPT本来就不适合太复杂的数据，尽量用简单的数据去说明问题，是一个优秀演讲者必备的素质。

③ 动态法

表达一个数据的"多"和"上升",再没有什么比一个上升的动画更直观的了。

例如下图,这一页PPT的内容是,用同一个IP《十万个冷笑话》在影游动漫四个领域的衍生品流水,去说明这四个文化产业领域吸金能力的不同。从数值上而言,游戏远远超过其他三个领域。如果用普通的柱状图去表现,感觉不够抓人眼球,那么可以用一个上升动画来表现。

手动绘制好四个柱状来表现四个产业的流水数量,柱状的高度和流水数量成正比。

选择左起第一个柱状,执行"动画>擦除"命令,并将"持续时间"设定为1秒。

单击第二个柱状,同样执行"动画>擦除"命令。将"持续时间"设定为2秒。同时将默认的"开始>单击时"改为"从上一动画开始"。

第三个柱状的处理方式和第二个柱状相同,唯一不同的是持续时间为3秒。

最后一个最高的柱状处理方式也和第二个柱状相同,唯一不同的是持续时间设置为5秒。

单击右键,动画开始播放,你会看到所有的柱状同时升起,由左到右依次停下来,最后一个升得最高,持续的时间最长。这样一来,影游漫文四大领域"流水之王是游戏",这个结论就能很好地体现出来了。

图2-67 用上升动画去强化数据

④ 比喻法

除了用柱状图、饼图、面积图等可视化图表去表现数值的差异之外，还可以用大家耳熟能详的事物来表现数值的差异，这就是比喻法。

如下图，这张PPT表现的是S级手机游戏月流水标准的逐年变化（通常手机游戏的评级标准为S/A/B/C/D，流水额度依次减小，S级是最好的手机游戏），表达的是手机游戏行业飞速发展的主题。从100万到500万、1000万、3000万直到1个亿，这样一个数据，用柱状图表现也是可以的，但是不够美观。这里使用了五大行星体积对比图，以一个巧妙的比喻来说明这个问题。下方的"我们放的不是卫星，而是行星"这句话，也是画龙点睛之笔，"放卫星"本来就是一个有深厚历史内涵的名词，放在这里，一语双关，一方面形容手机游戏月流水增长之迅猛，已经不是卫星而是行星了，一方面通过"放卫星"暗喻这里面也是有水分的。

这种比喻的方法内涵丰富，层层递进，耐人寻味。同时图片既直观，又美观，又有震撼力。本来是讲游戏的主题，突然出现了天文图片，任何人都会一愣，抬头看一眼。有这一眼就够了，演讲中，一瞬间的吸引，配上你的声音和演讲技巧，就可以让观众持续将关注力投射到你这里。

图2-68　用行星比喻S级手游月流水标准，非常契合

⑤ 情感投注法

即使最后一名也很努力呀，难道不值得你多看一眼吗？

数字比文字还要冷淡，更缺乏情感色彩，如果我们偏偏给数字赋予情感，这种混搭的效果可是能让人眼前一亮呢。

下面是最最常见的饼图，说的是各个类型游戏所占的市场份额。这不足1%的"其他"到底是哪些游戏呢？它们又是什么情况？相信会有不少观众有兴趣。这里没有简单地用文字和数据去说明这些"其他"是什么，而是用了三张"小乖"的表情。"近千亿的市场是它们的，跟我们无关，我们只要乖乖看着就好了"。这样的台词是不是很

有趣？三个"小乖"大小不同，大致表达了占电视游戏、单机游戏、桌游这三类游戏市场份额的多寡。最小的那个"小乖"泪流满面，因为它是最后一名嘛！

这样的情感化表达会让整个页面活泼有趣，也会让观众会心一笑，只要他们笑了，你讲什么都是对的，他们都乐于接受。

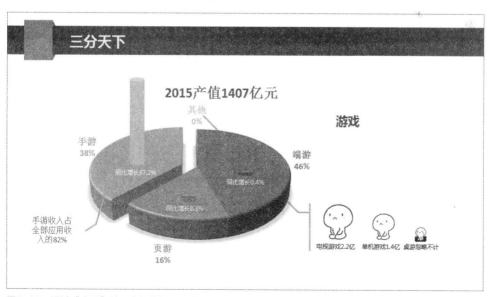

图2-69 通过"小乖"体现市场份额，生动而有趣

9/2

PPT一定要自己做

经常会有人让我帮忙做PPT，我一般都会说你先做一版出来，我再告诉你哪里有问题，帮你改。但这仅限于非演讲用PPT，例如商业计划书或者项目介绍等。如果是演讲用的PPT，我通常会一口回绝。因为我写出的PPT只有我能讲，别人讲不了，所以我也没法帮别人改。这就像是小品的剧本一样，赵本山的小品，陈佩斯演不了；陈佩斯的小品，郭达演不了；郭达的小品，赵本山也演不了，因为大家的戏路不同。

演讲是一个人的戏剧，PPT或者演讲稿就是剧本，但是大部分演讲者都不是全能的演员，所以这个剧本就要迁就演员来写。而演员自己喜欢说什么，喜欢怎么说，只有他自己知道。

① 不做背锅侠

很多惨烈如车祸现场的演讲事故，究其原因，都是不熟悉演讲内容造成的，说白了，PPT不是自己写的，他怎么可能熟悉？

记得在一次政府相关部门组织的会议上，当时在游戏行业排前三名的某公司的一位女CEO上台发言，她准备了逐字的演讲稿和PPT，但是两者都不是她自己写的，这种情况其实很常见，但是这位姐姐很明显事先根本没看过这些资料，这就不常见了。虽然这种情况不常见，但如果演讲人具备丰富的演讲经验和一定的学识，应付过去也不是难事儿。只可惜这位姐姐两者都没有。因此她一上台就开始低头念稿子，还念得磕磕巴巴。说真的，稿子写得不怎样，平淡如水，没有用典，没有冷僻词，小学生都能读通顺，这种稿子也念成这样，真的连我小学时的水平都不如。念稿子你就大大方方念稿子吧，还非要偷偷摸摸的，把稿子平放在演讲台上，眼睛似乎还有点近视，勾着脖子拼命去看，还经常看错字甚至看串行，以为稿子不出现在观众视线当中，大家就不知道你在念稿子吗？

最可笑的是，她念着念着，出错越来越多，人也越来越紧张，居然把PPT给忘了，给忘了，给忘了……PPT翻了两三页之后就停在了那里。这位姐姐跌跌撞撞地把稿子念完，才想起PPT还没翻完，又刷刷刷把PPT翻到了底。如果这时候她能针对每页PPT随口解说几句，也算是能挽回一两分面子，然而这位和哑巴一样，一言不发，只是在那里翻着PPT，全场的尴尬气氛被推向了高潮。

不是自己做的PPT，如果能认真准备一下，至少能保证演讲的及格分，如果演讲能力强一点，七八十分也问题不大，但要想达到100分，很难。PPT演讲是一种视觉表达和听觉表达完美统一的过程。自己做的PPT，自己来演讲，有点类似于同期录音的影视剧，演员自己的声音同步自己的表演，自然是最完美的呈现。而用别人做的PPT来演讲，则有点类似于配音演员配音的电视剧，只不过作为演讲者来说，你是那个配音演员，而做PPT的那个人，则是念着"一二三四五六七"的小鲜肉！演讲效果不好？所有的锅，都是你在背啊！观众可不管

你这个PPT是不是助理做的，反正是你在讲。想明白这个道理，你应该不太想替助理或下属背锅了吧？

我也曾经帮领导做过PPT，说实话，这些PPT在我所有的PPT当中，都属于最差的那一档。不是领导的PPT我就不好好做，而是我很难get到领导的点，很难准确把握领导的演讲水平和演讲风格，甚至连他要讲什么内容都不能完全熟知。所以，我只能以不出错为原则，按照最保守的做法去做PPT，这样做出来的PPT，不求有功但求无过，自然是没有办法出彩的。

这就像于谦给郭德纲捧哏，捧得非常好，但是他要是给我捧哏，也只能是一个曲艺团培训班刚毕业学员的水平。为什么？因为我水平差，他又不知道我水平有多差，我们没有配合过，有些花活他也不敢使，说了怕我接不上，就算接上了也怕节奏不对，还不如规规矩矩地说"嗯啊这是"呢。

通常领导找下属做PPT，会整理一页纸的要点给过去；或者是丢几个PPT过来，让下属自己整合一下；再不然就是口若悬河地面授机宜一番，不管是哪一种方式，给过来的都不是准确的内容，而是面目模糊的一大团要点。这就像是刚出土的文物，有破有缺。但下属却不能不经过领导的同意自行增补内容，如果发现内容有问题就去问领导，又像是在质疑或者挑刺，如果不是大问题或原则问题，一般来说，下属也不愿意去麻烦领导。所以一旦发现哪里有缺，不是视而不

见凑合弄上去，就是删减掉一些内容让逻辑通顺。因为你删减内容，领导可能会发现，也可能不会发现，就算领导发现了，可能会介意，也可能不介意，风险比较小。但是你增补内容，增补上去的是你自己的观点，领导立即就会发现。且不说你的观点和领导的观点很难一致，就算万一观点一致，领导也认为你补得好，但是完全不熟悉的内容出现在PPT当中，也会让领导在现场手忙脚乱。

② 演讲的熟化过程

自己做PPT的过程，其实就是一种整理思路、熟悉内容的过程。把原来的一团乱麻理顺，把残缺的地方修补好，把不够凝练的语句提升，这些，别人都帮不了你。自己把PPT做完，所有的内容也就都熟悉了，不用再多做其他的准备，随时可以上台去讲。不然，去熟悉别人做的PPT，又是一个比较痛苦的过程，有点像是上学时候"熟读并背诵"课文一样。

当然，我们还可以尝试着使用集体创作的方式去制作PPT，发布会一类的重大演讲，尤其适合这样的方式。在这个创作集体当中，演讲人首先是必须参与的，不管他是什么职位。其次，要有设计人员和文案人员的参与，如果是产品发布，还要有产品相关

人员，如果是公司层面的发布会，就需要有公司相关高层参与坐镇。

首先还是先确定内容，并分配页面；其次要做初步的文案润色。在这个过程中，可能需要多次会议讨论和头脑风暴。

接下来就可以进行页面设计了。这通常又是一个反复推翻和重构的痛苦过程。

这个过程结束后，PPT的基本雏形就已经搭建完成。接下来还需要对文案和设计细节做最后的调整。每一个字，每一处设计都要反复推敲，争取最佳的视觉展示效果和演讲效果。

接下来，还要反复检查内容的准确性，尤其是数据部分的准确性。

全部完成后，再经过相关高层的最终确认，这一份PPT才算完成。可以进入到演讲准备阶段了。

抛开演讲者的颜值和演讲水平，PPT可以说是一场演讲当中唯一的视觉效果了，如果你对自己的颜值和演讲水平不够自信的话，请一定要重视PPT，这是你用来翻盘的唯一武器。

Chapter 3

孤独站在这舞台 / 演讲临场技巧

　　演讲是一个人的戏剧。编剧是你，导演是你，演员也是你，甚至配音和后期也是你、是你、都是你！你要用鼠标单击PPT翻页，就像是为自己更换背景幕布。所以，我在前面所有章节一直说"观众"而不是"听众"，演讲是视觉与听觉的综合艺术，需要综合地表达。

　　一次完美的演讲，不仅包括优秀的内容，优质的PPT，更包括演讲人高超的演讲技巧和丰富的舞台经验。演讲技巧一半靠天赋，一半靠练习，没那么容易一蹴而就，但是舞台经验可以通过"传功"的方式迅速获得。学习了解别人的经验，你就有了经验，不是吗？

　　这一章主要讲的是演讲人在台上应该怎么发挥，怎么随机应变，有哪些经验可以了解，有哪些技巧可以速成。原则上说，舞台经验只能靠不断上台积累出来，但是，听听别人的经验，多少总能学到一些门道。

　　这一章涉及的演讲，主要指的是有舞台、有大量观众的大型演讲，如发布会、专业论坛等。

1/3

怎么站，站成什么姿势

很多人都有这样的经历，一踏上舞台，或者摄像机镜头一对准自己，就手足无措，站也不知道怎么站，手臂也不知道怎么放才好，恨不得找个地缝钻进去。别担心，绝大部分人都有这样的困扰，这很正常。除非所从事的职业会经常面对镜头或众人目光，譬如影星、歌星、主持人，或者空姐。

想要在舞台上像著名主持人一样侃侃而谈，收放自如，需要专业的训练和长期的实践，一般人没有这样的机会和时间。但是，演讲比上台表演简单很多，记住一些基本的技巧，就足以应付了。

在前面章节讲过一些控制紧张的姿势，这一节进一步讲一讲，除了控制紧张之外，还有哪些姿势能让演讲效果更好。

① 有演讲台 怎么站

对于演讲新手来说，演讲台是最好的保护，它能遮住你大部分身体，减轻你手足无措的感觉。胸部以下的部位都被挡在了演讲台后面，下半身就可以放松和随意一点，但肩部和手臂的姿态就显得更加重要了。

很多人在演讲的时候喜欢双手下垂的站立姿势，需要翻页或者动一下鼠标的时候再把右手抬上来，这样当然没有错，但是这种站立姿势肩部下垂，带动全身重心下移，显得整个人不舒展，也不精神。而且抬手的动作幅度也比较大，容易对演讲的节奏形成干扰，让观众感觉不连贯。

还有一些人喜欢把双手除大拇指以外的八根手指轻轻搭在演讲台边缘的中间部位，像个偷吃松果的小松鼠。这种姿势在台下看过去，完全没有想象中的可爱感，含胸、驼背、抱肩，整个人缩成一团，显得非常拘谨，甚至有些猥琐，缺乏自信。

那么，正确且舒服的手臂姿势应该是什么样的呢？

首先推荐双臂伸直，双手抓住演讲台两侧的姿势。前面说过，这种姿势会让手臂和演讲台形成一个三角形，非常稳固，给人以掌控全局的感觉，有气势，有自信，领导力爆棚。如果你个子比较高，手臂比较长，抓握的部位应该靠前一些，反之，则应该靠后一些。

如果演讲台过高，而你的个子比较矮，抓住演讲台两侧的姿势就不太适合了，这会让你很吃力，双肩耸起，看上去很滑稽，而且突出了你个子很矮的缺点，不推荐。矮个子适合的姿势是双臂分开，手心向上，托住演讲台台面的下侧，手肘向后，肩胛骨尽量靠向背部中间。这个姿势能够让你的双肩尽量向后打开，胸自然就挺起来了，整个人呈现一种挺拔的姿态，无形中显得高了两三厘米。

如果你觉得以上两个姿势都比较难，有些别扭，也可以自然地将双手手心向下放在演讲台台面上，但是注意要把整个手腕都放在台面上，而不是只有手指放在台面上，这样可以利用台面的高度托起你的手肘和肩部，一方面不会累，另一方面也能让你的肩部感觉到放松。双手的距离尽量比肩宽要宽一些，最窄也不要窄于肩宽。手肘微微下沉，掌心略微下压，身体尽量贴近演讲台，这样也能营造出挺胸抬头的挺拔身姿。

如果演讲台太高，而你个子很矮，再加上演讲台上摆了一束花，你站在演讲台后面连脸都被挡住了怎么办？如果没有办法用脚踏垫高，那么只能站出来，站在演讲台一侧了。通常演讲场地的布置，演讲台会在观众的左手一侧，而你站出来的位置，应该是更靠近舞台中央的一侧。站立时应保持背部挺直，右手手肘自然地搭在演讲台边缘，同时右手持话筒，这种姿势很容易保持手臂稳定，而且长时间演讲也不会累。左手可以手持控制器，或者自然下垂，或者双手持麦，都可以。

② 没演讲台怎么站

如果没有演讲台，最需要关注的一点就是，你将从哪里看到PPT的内容，是前面有提词器？还是只能扭头看后面的大屏幕。这两种情况有不同的处理方式。

有经验的演讲者可以采用在舞台上走动的方式进行演讲。但对于新手演讲者来说，我不推荐这种走来走去的演讲方式，因为节奏掌握不好，反而会对观众形成一种干扰，而且如果姿态不够收放自如的话，看上去也很尴尬。

一般来说，大部分演讲场地的提词器，就是在舞台前方放一两个小屏幕，上面播放着你的PPT。这时候建议你站在一侧的提词器正前方即可，如果视力不太好，就尽量站近一些。

如果是只能扭头去看大屏幕上的PPT，建议你站在舞台放演讲台的这一侧，也就是观众的左手侧，这样转身去看后面会比较自然。要注意转身的时候不要整个身体都转过去，在舞台上，永远不要背对观众，应该是身体稍微转侧一部分，脖子再转侧一部分，能刚刚看到后面就好。

在没有演讲台的情况下，右手拿话筒，左手拿演讲稿、手卡或控制器会比较舒服。如果左手没有什么东西可拿，或者不知道放哪里才好，可以尝试使用双手持话筒的姿势，这种姿势有点像拱手礼，会显得谦虚而真诚，特别有亲和力。如果使用了耳麦，双手空空，可能就需要你去做一些动作，不要太刻意，不要想着"我是不是该做动作了？""我这个动作是不是特别傻？"自然就好。专心演讲，忘掉做动作这件事，动作才会最自然。

没有演讲台的场合，整个身体都会暴露在观众面前，我们更应该把注意力放在腿部姿势上面，膝盖绷直，脚趾用力抓地，感受小腿和大腿后侧的张力，只要做到这一点，你会发现，自然而然地，腹部就收起来了，胸部也挺起来了。

再来就是注意一下双肩要向外向后打开，感觉背后两个肩胛骨之间像是有根绳牵拉着，就是小时候戴背背佳的感觉。同时，想象头顶正中也系着一根线，向上牵拉着头部，把脖子尽量向上伸长伸直，这样的姿势就会让人显得很精神。

双脚可以并拢，也可以稍微分开一点距离，微微的丁字步也可以，不用太刻意，只要保持腿部伸展就好。不管采取什么姿势，重心都要平均放在两只脚上，不要一会儿重心在右脚，一会儿重心在左脚。胯部扭来扭去，或者肩部扭来扭去的姿势很不庄重，也会让观众觉得烦躁，很有夜场感，显得非常不正式、不严肃。

如果你需要给稿子或手卡翻页，可以很自然地用拿着话筒的右手去协助。要注意拿话筒的那只手有动作的时候，一定不要开口，否则收音会有影响，此外，手部有动作的时候，下半身就不要移动位置了，要保持不动，否则会给人以慌乱的感觉。

2/3

用精彩开场白吸引观众

任何演讲，都需要一个开场白，这并不属于演讲正式内容的范畴。但是，开场白说得好，能很大程度上吸引观众的注意力。而且，开场白是个刷存在的好办法，能够让观众迅速记住你是谁。

说到讲开场白，首先要注意的问题就是千万不要过长，三五句话就好。就像是评书的定场诗："金山竹影几千秋，云锁高飞水自流。万里长江飘玉带，一轮明月滚金球。远至湖北三千里。近到江南十六州。美景一时观不透，天缘有份画中游。"差不多这么多字，就刚刚好。

① 自我介绍式 开场白

最简单且最百搭的开场白就是自我介绍，任何场合的演讲都适用。

"大家好，很荣幸大会给了我一个发言的机会，我先自我介绍一下，我是某某公司的某某某，我在某某公司担任某某职位，负责某某方面的业务。我们某某公司是一家……"

以职位身份进行演讲，最基本的开场白大抵就是上面这样的。如果是以个人身份进行演讲，可能还包括如下内容：

"我在某某行业工作了三十年的时间，是某某协会的秘书长。"

"我曾经在某某大学任教，是某某学科的带头人。"

总之，自我介绍就是要说明你是谁？你凭什么站在这里演讲？每个人都可以用很多种维度去定义自己是谁，但是这里需要选择和大会主题相关的维度。至于"你凭什么站在这里演讲？"这个问题，其实就是"都闪开，我要装逼了！"的文雅版，捡你最辉煌、最惊人的履历说，不要吹牛，但也一定不要谦虚。

自我介绍看似普通，也可以有出彩的地方，譬如我在推广我写的书的时候，经常会这样自我介绍：

"我的爱好非常广泛，写作是我的业余爱好之一，我不仅出版过非虚构类的图书，还出版过小说，小说当中既有言情，也有耽美。"

通常，最后两个字一出口，台下总会有或大或小的一片笑声，还有窃窃私语，会场一下子便充满了欢乐的气氛。

② 自嘲式开场白

自嘲也是一种自我介绍，只不过风格不同，它不是正经的自我介绍，而是调侃式的自我介绍。如果你的公司、职位、资历不那么金光闪闪、引人注意的话，那你就更适合采用自嘲式开场白。

"这次大会的发言人当中，我不是最资深的那个，也不是最优秀的那个，但一定是最胖的那个，今天我要讲的话题，也是一个重量级的话题。"

"人们都说程序员干不了一辈子，我偏不信，我就要干给他们看看！所以我在游戏行业做了二十年，还是个普通的程序员。"

"站在台上，说实话我挺紧张的，因为这是我第一次当着这么多人演讲，今天，我就把我的第一次献给大家了！"

"今天我最后一个讲，人走得差不多了，大概都是去楼下吃饭了，大家一看见我就饿了，总比一看见我就吐了强，剩下的诸位可就别走了，怎么着也得看着我讲完吧？"

有时候，人们会把自嘲式开场白和玩笑式开场白弄混淆，前者的嘲讽对象一定是自己，而后者是讲个笑话，不一定有嘲讽对象，而且嘲讽对象通常也不是自己。我们经常会看到一些演讲大师采用玩笑式的开场白，台下一片笑声，现场效果特别好。但是提醒各位新手一句，你看到的"特别好"的效果，通常都是这位演讲人经过多次实践提炼出来的一个段子，看似不经意，实则千锤百炼。这个段子一定是非常符合这个人的身份、风格以及观众需求的。你随便拉一个段子来讲，有可能会令全场陷入尴尬。你去学某个名人的段子，也不合适。冯巩说一句"我想死你们啦！"全场一片笑声，但是你说这句话，可能全场一片冷漠脸，每个人头上的弹幕都是"你是谁啊！"

自嘲式的开场白好在有功无过，你说得好，可以取得很好的效果，说得不好，反正是自嘲，不会引起观众的反感，因为是自嘲，多少还能得到一点儿同情分。但是笑话讲不好，真的是会让观众想扔臭鸡蛋！

此外，自嘲式开场白通常不会触碰到公序良俗的红线，也很少会有政治不正确的情况发生，但讲笑话则很容易触碰到宗教、民族、政治、女权、动保等红线，非常危险，若是在国外演讲，尤其要注意这一点。

③ 承上启下式开场白

承上启下也是常用的开场白形式，这种方式可以拉近你和其他演讲人的关系，也可以抱大腿蹭热度，还可以直接PK正面刚，总之是个可攻可守的好手段。

"刚才几位演讲人都提到了同一个观点：……这里我有一点不同看法，拿出来和大家探讨。"

"刚才马总说得很好，行业到了洗牌阶段，要过冬了，大家要抱团取暖。但是谁跟谁抱团，怎么抱团，也是有讲究的，现在就说说我们公司是怎么做的。"

"在张老之后发言，我很惶恐，二十年前我是他的学生，那时候怎么也想不到今天能和他并肩站在台上发言。"

"刚才王司提到要大力保护知识产权，这是一件对行业非常有好处的事情。但是众所周知，游戏行业的知识产权保护特别复杂，尤其在源代码的比对和判定方面非常复杂，我们公司最近刚刚打赢了一个知识产权官司，现在分享一些经验给大家。"

"丁总的讲话当中提到恶意竞争的事情，我觉得如果我今天不讲的话，九城可能会背了黑锅。在场下，我和丁总至少曾是朋友，我一直在想，是什么样的利益驱使手足同胞之间互相攻击呢？"（这段话是2009年，中国国际数码互动娱乐产业高峰论坛上，网易CEO丁磊刚刚讲完，时任第九城市总裁的陈晓薇上台演讲的原文，当时两家公司就网游《魔兽世界》运营易主过程中的种种问题，展开了针锋相对的对峙。）

承上启下式的开场白通常是A+B结构，A是之前某某某讲了什么。B是我对这个某某某，或者他的观念，有什么评价，有什么不同的看法，有什么引申的观点。

采用承上启下式的开场白，一定要注意你和你所评论的人之间的关系，如果关系很近，是朋友或者师生，可以稍微随便一些，带点儿调侃也行。如果和对方不熟，或者对方的身份地位很高，就一定要尊重对方，内容不可以带一点儿负面。这一点要非常注意，有时候你可能觉得"这没什么啊！""我说的是好话啊！"但是无意之中可能已经把对方得罪了。所以一定要远离、再远离这条红线，如果没有把握，可以请两个人共同的朋友帮忙把关，实在没有把握，建议少说或者不说。

当然，开场白还有很多种，这里只重点介绍这三种，因为这三种是最常用的，适用的场合极为广泛。而且对于新手来说，也是最容易掌握的方法。

声音和语速的调整

演讲可以没有PPT，可以没有动作，但是绝对不可以没有声音。声音是演讲表达当中最基本，也是最重要的构成。演讲者声音表现得好坏，很大程度上决定了一场演讲是否成功。

声音有三个维度：音量、音质和音速。我们就从这三方面谈起。

① 声音要大要清晰

不管任何形式的演讲，大声讲出来总是不会错的。音量大会显得自信，从而也就更容易让观众接受你的观点。

那位说了，我天生说话声音小怎么办？看到这个问题，如果是别的关于演讲的书，又要开始讲发音训练了。我们则不需要那

么麻烦。人的声音其实是可以在一定范围内改变的，所以，就算平常说话声音小的人，在演讲的时候也要尽可能用你最大的音量来发声。

譬如我们跟小婴儿说话，声音会不自觉地轻柔起来；和热恋中的情人说话，语音又会非常温柔；和客户说话，声音会变得职业；和老家的父母打电话，又会自然而然地说出乡音，这种切换是人的一种本能反应，有时候我们自己都感觉不到。还有些人，平常说话很正常，一演讲就变成了朗诵式。这个现象是客观存在的，我们可以去利用它，让它发挥积极的一面。站在台上，想象台下是千军万马，或者是狂涛怒海，或者是人声鼎沸的菜市场，根据你的人生经验，想象成什么都可以，只要是你之前经历过的嘈杂的环境就行，这时候你就会本能地用更大的声音压住它们。音量自然而然就大起来了。

再来还可以利用话筒。前面提到过，尽

量不要让话筒遮挡嘴部，因为这样会让你的话显得不可信。但是和音量不够大相比，还是让音量大起来更重要，所以，如果你天生说话音量小的话，就应该把话筒更贴近嘴唇。就把话筒当成甜筒冰淇淋好了，紧紧挨着唇边，马上就要咬一口的感觉。这样可以让你的音量稍微大一点，有时候，仅仅是这一点也就足够了。

清晰而缓慢的声音也会显得音量很大，所以要尽量做到吐字清晰，语速不要过快，想象着声音是从丹田发出的，腹肌要用力，这样不仅有收腹的效果，还可以让声音听起来更浑厚。

② 发音有瑕疵怎么办

音质的问题取决于一个人的先天条件，很难改变，所以我们只能尽量去缓解相关的问题。

过重的方言会让观众不容易听懂，不过现代年轻人当中，存在这个问题的人已经越来越少了，如果有口音，上台的时候尽量注意一下，基本上不会产生太多的交流障碍。

如果是某些字或者某些词的发音总是读不对，类似《红楼梦》中的史湘云总是把"二哥哥"说成"爱哥哥"，这也不是一下子就能改的，写个字条，贴在演讲台上，时时

提醒自己，也能起到一定的矫正作用。

还有就是有人说话模糊不清，嘴里像含着个枣儿，或者是有些男性的嗓音过于尖锐，就是俗话说的"叽嘹叽嘹"的，也是很让人厌烦的发音问题，但这些都和生理有关，要么做治疗，要么经过长期艰苦的训练才有可能改观。我们能做的只能尽量放慢语速，把每一个字说清楚，就能在一定程度上缓解这个问题，就像小学生背课文一样，清晰而用力地吐出每个字，发音上的缺陷就不那么明显了。这就是我们平常所说的咬字要"狠"。

如果放慢速度解决不了问题，还有一个不是办法的办法，那就是"快"！一快遮百丑，如果你的声音确实问题很多，完全不适合演讲，但是又不得不硬着头皮进行这一场演讲，例如工作汇报一类的演讲。那么尽快讲完就是对观众最大的尊重，把内容尽量多地呈现在PPT上，以便辅助观众理解你的演讲内容。少说话，快说话，总比又臭又长声音又难听的演讲更能博人好感。虽然这是个损招，但是在你音质问题很大的情况下，按我说的做，你的观众会感激你的。

③ 如何调整语速

大部分人都有这样一个毛病，演讲的时候，越紧张说话越快，对演讲内容越不熟悉，说话越快。其暗含的心里动因则是，"这场演讲让我感觉到不自如，我要尽快结束它"。

对于一场水平不太差的演讲来说，语速过快是减分的。演讲本来就是带而一过性的，观众没有听到，或者没有听清楚的内容，那就只能错过了，很难弥补。语速过快会造成大量的信息没有被观众接收到，这样，内容漏洞就会越来越多，最终会导致观众对你的演讲失去兴趣。如果你英语水平一般，去看一部英文"生肉"剧的时候，就能体会这种感觉了，好不容易理解了一句话的意思，而剧中角色的下两句话都已经说完了，你全都没听到。

语速过快的成因通常是不自如和不自信，很多人平常说话并没有这个问题，所以改正起来也比较困难。我们可以做一些阶段性的调整：每打开一页PPT，在读标题的时候尽量放慢速度，因为标题是看着字照读的，不是自己发挥的，所以不会产生因为不熟悉导致的语速过快，一般人都能慢下来，读过标题之后，默数1、2、3，然后再继续，给观众一个消化吸收的缓冲时间。小标题也可以按照同样的方法处理，内容当中的关键语句和关键字也同样处理。这样下来，虽然语速并没有减慢多少，但是整体的节奏变慢了，演讲要点也突出了，语速过快带来的问题也就淡化了。

当然，进一步熟悉内容，并且多次进行试讲，让自己更熟练，是解决语速问题的根本方法，如果有充足的准备时间，还是要多下功夫才行。

与语速过快相对的问题，就是语速过慢，这种演讲人并不常见，多出现在年龄偏大的演讲人，或者平常语速就很慢的演讲人身上。语速过慢造成的问题是会让观众不耐烦，你的演讲速度远低于观众的思维速度，最终会导致观众放弃听你演讲，把注意力转到别的方面，譬如玩手机。对于语速过慢的问题，有一个很好用的解决方法，那就是在你试讲的时候，一直用较低的音量播放一首节奏非常快的背景音乐，这时候你会不自觉地跟着音乐的节奏加快语速，多试讲几次下来，就会形成条件反射。等到真正上了台，一开口演讲，那首音乐的节奏就会在心中流过，速度自然也就有所提升。建议你在每次演讲试讲的时候，都放同一首快节奏的音乐，这样几次演讲下来，你就会在演讲时自然而然地加快语速，可能会比你平常的语速快很多呢！

4 / 3

用目光和动作来控场

什么是控场呢？简单来说就是能控制住场面。

演讲中的控场，就是让一切按照预想的效果进行。包括时间的把握，节奏的控制，气氛的调动以及突发事件的应对等。关于突发事件，下一章会重点去讲，这里主要说前三条。

演讲的控场要比演出的控场简单很多。通常我们在商业活动中进行的演讲，听众来源范围比较单一，而且素质较高，具备一定的文化程度和商业素养，即使演讲人有什么做得不到位的地方，他们也不会起哄，不大会出乱子。而且通常的演讲较少互动，都是演讲人对观众的单向交流，所以也很少会出现冷场的尴尬。

做过年会主持的人都知道，如果仅仅是串词儿、报幕这种单向交流，这个活儿简单得不能再简单，机器人都能干。但是如果有抽奖和游戏，就很考验主持人的控场能力

了，控场能力差的主持人，本来很好玩的游戏也能搞得一团糟，令台上的人、台下的人都不开心，而控场能力强的主持人，能把一个无聊的游戏主持得有声有色。

关于主持类演讲，后面会有章节专门说，这里只说说无互动或者很少互动的演讲。因为和观众并没有互动，只是单向交流，所以这时候控场就不能过分依赖语言，更多的要靠动作和目光来进行。

① 视线的"WM大法"

之前提到过，如果你过于紧张，演讲时的目光应该定在整个会场的中心点，这样可以在一定程度上缓解紧张。

下面要说的，则是进阶的技巧了。如果

114

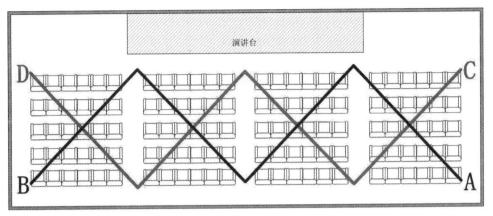

图3-1 "WM大法"

你并不紧张，有一定的演讲经验和演讲水平，那么就应该这么做：一般来说，在整个演讲过程中，演讲者的目光应该照顾到全场，而不是死盯住一两个地方不放。如果场地是横向的，也就是站在演讲者的角度去看，整个场地左右面宽较宽，而深度较小，这时候你的目光应该遵循"WM大法"。

什么是"WM大法"呢？就是像上图这样，首先视线落在A点，沿着蓝色的线走到B点，从演讲人角度看过去，刚好是一个字母"W"，然后视线转到C点，沿着红色的线走到D点，从演讲人角度看过去，刚好是个字母"M"，这是一个循环。一个循环结束之后，再重复进行下一个循环。这种视线运动方式刚好可以把会场所有的角落都照顾到，所有的人，都在你目光的控制之内。一个循环不要太快，也不要太慢，根据会场大小，几秒到十几秒都可以。同时也不要太刻意，自然地扫过去就好。

如果场地比较大，而且是纵深的，可以

分区进行"WM大法"。具体方法如下图，将场地分为前、中、后几个区域，对每个区域进行"WM大法"，所有区域进行一遍算一个循环。

这种视线控场方式能照顾到全场的观众，让任何一部分观众都没有被冷落的感觉，而且还能给演讲人以掌控全局的自信。演讲效果会比死盯着一个地方要好得多。

在视线移动的过程中，如果遇到了观众的视线，或者看到观众举起手机对着自己，或对着PPT拍照，应该稍微停顿一下或和其对视一下。任何一个演讲人，都希望观众把注意力放在自己身上，不仅能听自己说什么，最好还能看着自己，可惜在这个手机时代，这种优质观众凤毛麟角，可遇不可求，一旦遇到一个，就一定要鼓励他继续，而最简单的鼓励方法就是对视。目光中的话语则是"我看到你了，谢谢！"，这样不仅仅是一种礼貌，也是一种获取好感的方式。

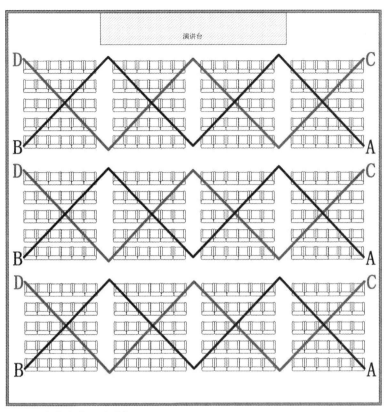

图3-2　组合式"WM大法"

② 动作中暗含的语言

比起目光，动作是更为明显的身体语言，也更具有号召力和煽动性，控场的效果会更好。

首先说说上肢动作。无论你演讲时是站着，坐着，还是走动着，上肢的动作都至关重要，因为上肢的动作最明显，也最容易被观众注意到。即使再没有演讲经验，再不会做动作的人，在讲到激情澎湃的时候，总会不自觉地挥动上肢。有时候，我们觉得自己在演讲的时候很拘谨，应该没有做什么动作，但是回看一下录像，总会发现自己的动作比想象中多很多。

演讲中最常见的动作就是指向背后的大屏幕，手指的方向会引导观众的视线看向大屏幕上的PPT。此外，双臂张开的动作代表开放的态度，有放开怀抱，引导观众平等参与的意味；而双手掌心相对手指相扣或相接组成一个尖塔形，则代表"我是权威，听我的"；手掌交叠在腹部，则会给人以诚恳的感觉；而手掌指向观众席，则能够引起对应观众的注意力。

如果是那种在台上走来走去的演讲方式，肢体语言就更多了。站立的位置比较靠近观众，容易让观众产生亲切感，而远离观众，则容易营造权威感。满场踱来踱去配合手臂在胸前的各种小幅度动作，可以营造出紧张感，带动起节奏。

我们还可根据演讲的内容，去配合不同的走位和肢体动作。当演讲提到政府主管部门对行业的帮助的时候，应该趋前几步，面对前三排，微微欠身，态度恭谨。当提到媒体朋友的时候，应该走正对媒体席的舞台一侧，挥舞手臂或伸出手臂。当讲到具有煽动性内容的时候，应该后退几步，手臂张开，像是欢呼或拥抱，用来调动坐在中后场的观众的情绪。上场时或结束时，一个浅浅的作揖动作，能够拉近和观众的关系，也比鞠躬动作更自然亲切。这种控场方式有点像乐队指挥，而台下观众则变成了你的演奏者。

③ 整套演讲动作的设计

当然，我们还要注意一点就是，动作是为声音服务的，不能喧宾夺主。过多的动作会干扰观众的注意力，让观众觉得很

"闹"。另外，动作不要太刻意，带有过重表演痕迹的演讲会显得很"假"。不管你做什么动作，重心一定要稳，站立的时候保持身体挺直，腿部不要弯曲，上半身不要晃来晃去，要记住，流行音乐歌手的动作是不适合拿来做演讲动作的。

有的时候，我们会看到一些著名演讲者的动作非常帅气好看。其实这些动作都是设计出来的。如果你也想要这样的动作，可以找一个喜欢的著名演讲者去模仿，反复观看看他的演讲录像，一个动作、一个动作地截图，并对照着练习。找到最适合你个性气质的那几个动作，并且将这些动作插入到你演讲内容中适当的地方，然后就可以开始做带动作的试讲了。这种试讲一定要录像，录下来反复看，甚至要和你的模仿对象去做比对，找出你的动作当中不妥当的地方。这样一次一次地迭代，最终你也能在正式的演讲中，做出那么漂亮的动作了。国内的张布斯、李布斯们，几乎都是这么干的。

当然，对于一般性质的演讲来说，通常没有必要这么做。但是重要的发布会，尤其是那种带着耳麦，没有演讲台的发布会，是可以考虑用这种方法设计动作的。因为带着耳麦，手里比较空，如果动作比较少，会显得很尴尬。而且，我们还可以根据PPT的页面设计，去设计好当每一页PPT播放时，自己的站立位置和姿势，让自己和PPT形成统一的构图。这样在台下拍出的照片，会非常美观，对于后续的公关宣传也很有好处。

5/3

根据现场状况随机应变

这一节，先请大家听一段相声。

话说马三立马老爷子在他告别舞台演出的时候，本来有一段单口说唱，头一句是"人生在世命由天"。上场前马少爷马志明说了，这台下都是"翅子顶罗"，您这句有宿命论的嫌疑，虽然他们未必会怎样吧，但是大家面子上不好看啊。

马老爷子一想，对啊！那就改成"人生在世心不要偏"吧！可末了儿一上台，他忘词儿了，说了"人生在世"四个字，"命"字都说出一半的时候，就卡壳了。马老爷子临危不乱，对着打鼓点的说，"您打得挺好，我跟着您走，您要是逮不着我，您就走您的，咱们重头再来一遍啊……"一句话轻轻揭过，台上台下，除了马少爷楞没人看出来。

什么是舞台经验，这就是舞台经验，八十多年的舞台经验，就是不一样！演讲和演出是一样的，都是上台表演，戏比天大，容不得半点失误。卡壳儿、忘词儿，都是重大演出

失误。但人无完人，再有经验的艺术家，都难免失误。失误之后怎么处理，方见高下。

不过我们这一节说的不是失误，而是马老爷子改词儿这事儿。因为演讲现场的情况千变万化，总有一些状况跟你事先想好的不一样，所以，我们就有必要根据现场情况去调整自己的演讲内容和演讲风格。

① 事前准备

譬如说有个行业会议，一年举办一次，你之前作为主讲人演讲过，或者作为观众参加过，自然能够了解这个会议的一些基本信息：演讲人的知名度，演讲的专业水平，听众的构成，会议的规模及权威性等。如果又一次接到了演讲邀请，你的心里多少都有个

底，该讲什么？讲到多专业？哪些内容可以让你一鸣惊人？你大体是知道的。但是，如果是你之前从来都没有参加过的会议、论坛或沙龙，甚至会议的主题根本不是你所熟悉的领域，那么应该怎么把握这个尺度呢？

首先你可以去网上找找这个会议前几届的资料，如果有视频资料最好，若没有，文字资料也行，简单浏览一遍就知道它大概的水平了。也可以和会议主办方沟通一下你的演讲主题和内容，问问他们有什么不妥之处。再来就是尽早获得会议议程，看看在你之前和之后的演讲人都是谁，演讲主题都是什么，如果演讲内容有重复，可能就需调整。

但是，不是所有的事情都是能够按照计划执行的，因为种种原因临时出状况的情形有很多，总之都是到了现场之后才发现，自己准备好的演讲和大会的风格差了十万八千里，这就很尴尬了。

有个会议叫做"国际体验设计大会"，是个相对来说比较高端和专业的会议，每年都办，我在2013年作为演讲嘉宾参加过一次，这个会议的演讲者各行各业的都有，内容只要围绕体验设计就行。每年都会有很多国际知名大企业的高层前来演讲，听众主要是体验设计领域的从业者和相关专业的学生。在2016年的这个会议上，某国内互联网巨头的UE总监在下午的演讲中重复了上午演讲内容，且直接用了该公司的校招PPT，穿着也非常随意，T恤衫大裤衩。他讲到一半的时候，台下观众忍无可忍大吼了一声：

"你太LOW了！下去吧！"他一度被迫中断演讲。这件事在互联网上迅速发酵为一个热点事件，也是我写这本书的催化剂之一。

当然这是很极端的例子，这么极端和戏剧化演讲灾难并不常见，但更小的失误却很多，我自己就遇到过不少。如原本以为是个小规模的沙龙，结果去了会场发现足有近千人。或者本来想拿业内某个公司作为负面例子来讲，落座之后才发现旁边就是那家公司的CEO。还有以为只是业内的交流，准备的内容很接地气，结果发现前面几个发言的不是市长就是局长。再或者收到别家公司的邀请去讲IP，原以为听众至少懂一点儿，开讲之后才知道，他们一点儿基础也没有……

这种情况下，就要在最短的时间内，迅速调整自己的演讲内容或演讲风格。

② 临时机变

你的人已经在现场了，坐在第一排，第一个演讲人上台了，第二个演讲人也上台了，你的冷汗下来了，别人的PPT走得都是高大上的冷淡科技风，而你的PPT看上去花里胡哨像是中学生社会实践总结，怎么办？改啊！反正演讲内容都已经确定了，只是修改风格做减法而已，如果改成"高桥流"的话，任何PPT都能在20分钟内搞定。只要你前面还有两个演讲人要讲，时间肯定来得及，拿出笔记本赶紧修改就好了。有时候甚至不需要大改，只要把PPT当中一些花哨的装饰删除就好，甚至把PPT改成黑白色或双色的，格调一下子就能上一个台阶。

到现场了，发现别的演讲人穿得都是正装，自己穿大背心、大裤衩、休闲装怎么办？首先可以考虑借衣服，如果现场有熟人的话。女性可以找个披肩、针织开衫或西装遮掩一下；男性想要借到整套衣服可能不太现实，如果找不到一件合体的西装，还可以走艺术风格，找个另类一点的外套搭在外面。实在不行的话，也可以临时买一件或一套。大部分会议都在酒店举行，就算是在会议中心举行，一般隔壁也有酒店。大多数高档酒店的商店中都有卖西装的，女性也可以买个披肩或大方巾。虽然价格肯定不便宜，但比起丢人现眼来说，这钱花得值。当然，如果你气场足够强大的话，就算是穿沙滩装也能镇住场子，营造出艺术家范儿。人家杨丽萍拎着个竹篮子参加高档酒会，没有人会觉得她失礼。实在找不到衣服，那就把两腿并起来，身子挺拔一点儿，咱衣服不商务，精气神不能不商务啊！

如果台下都是专家、教授、官员这样的观众，岁数和资历都不小，地位和年龄都不低的话，就千万不要跟台下互动了，真的很LOW，而且非常失礼。

原本以为是个半正式的会议，捎带手夹带了一点私货，宣传一下自己公司的产品，这本来是再正常不过的事情。但是到了现场之后，发现会议学术性很浓，规格极高，怎么办？如果来得及把你那几页和广告有关的PPT删掉，当然最好，如果来不及，讲到那一页的时候，迅速翻过，一句话说明一下就好了："这是我们公司的某某某产品，大家有兴趣可以试用看看。"千万不要展开讲了。或者自黑一把，调侃一下给你做PPT的助理。只要肯自黑，没有化解不了的尴尬。

当然，删掉一些内容，就要补充相应的内容，临时抱佛脚，补充什么好呢？一时找不到干货的话可以讲例子、讲八卦。哪怕你的例子是老生常谈，人们也更喜欢听例子而不喜欢听理论，所以让例子来救场就对了。

回到一开始说的那个"国际体验设计大会"，游戏行业的人在这个会议上演讲的不多，我的工作内容和体验设计关系又并不大，所以对于怎么设计演讲内容很是头痛。参加这个会，必须讲得很专业，又不能过于偏重游戏行业，否则很多观众听不明白，也不感兴趣。既要讲我最擅长和最专业的领域，又不能和历届演讲嘉宾重复，最后我选择了这样一个主题："时间心理学与人机交互"。这个方向很冷，不会重复，但又和每个人的生活息息相关，不管是专业的听众还是非专业的听众，都会有兴趣。此外，类似的内容我在复旦大学软件学院的课堂上讲过，只要把当年的教案拿出来，浓缩一下即可。只有像这样全盘考虑到听众、其他主讲人以及自身优势的演讲，才会是一个完美的演讲。

6/3

你是谁？你的观众是谁

每个人处于社会之中，都在扮演着不同的角色，在家是妻子、丈夫、父亲、母亲；在职场则是老板、高管、雇员；很多人还有着各种社会职能，例如参与了某某社团、某某委员会、某某组织等。在一场演讲中，根据演讲的主题和内容，你只需要展现出你社会角色的一个方面即可。

迷妹们能够记住她家"爱豆"的每一个角色：他是韩国某某组合的成员，他还出演过电视剧和电影，他去年出了一本书，还出了两张单曲，他是跆拳道黑带，他还拥有三个国际潜水执照，还会开挖掘机……但是你并不是明星，指望着通过一场演讲让观众记住你的所有角色，太强人所难了。每次演讲都有固定的主题，围绕主题按词儿说才是最专业的。

我也曾见过一些女性演讲者，喜欢说些家长里短的题外话，一场演讲下来，观众只记住了她离过两次婚，有三个孩子，老公

是著名投资人……至于演讲内容，全都没记住。在人与人之间的交往中，自爆隐私确实是拉近彼此关系的方式之一，但是放在演讲场合却不适合。也许她们是想表达自己在处理家庭和事业关系上游刃有余，但结果却是让观众觉得你不专业。

当然，这种毛病不仅女演讲人有，男性也很常见。譬如先说自己学生时代在英、美、法、德、俄、日、澳、意的游学经历，再说曾经在哪些著名公司工作过，接着再爆一两张和行业大佬的合影，甚至还有和著名作品海报的合影，以及在著名公司大门口的合影……就像是演艺圈的毯星一样让人尴尬。还有一种人喜欢痛说革命家史，讲自己刚毕业的时候如何无知无畏，刚创业的时候如何筚路蓝缕等，不管这个人现在地位多高，一下子就把他西装领带下藏着的LOW露了出来。

① 你代表谁演讲

所以，每次演讲，都要搞清楚这个问题，你是谁？你准备展示你自己的哪一面？

如果是公司安排的演讲，或者代表公司出席演讲，那就应该全力突出公司，其次突出自己在公司的职能，而把自己的其他方面隐藏起来。在谈及自己的时候，涉及的范围只应该包括："我叫什么？""我在这家公司的职位是什么？""我负责的主要业务是什么？"最多再加上一两句，"我有什么资格站在这里代表公司？"这些就足够了。譬如说我参加游戏行业的演讲，通常都会说，"我从事游戏行业已经有20年的时间，是中国第一代游戏行业从业者。"仅此一句，就已经足够。

代表公司演讲，所有的例子，能举和公司相关的一定要举和公司相关的，不能举和公司相关的，创造条件也要举和公司相关的。如果实在不行，可以"远交近攻"，举国外公司的例子最合适，其次是和公司没有直接竞争关系的公司，至于和公司有直接竞争关系的公司，也就是所谓"友商"，则尽量不要提。

记得有一次，在某游戏行业的高端会议上，某排名前三的游戏公司推出了一位小哥担任演讲人，这位小哥演讲水平很一般，发音不清楚，照着稿子念也就罢了，问题是演讲稿当中有四分之一的内容在吹捧一部日本动画片，我听了很是疑惑，还特别查了这部动画片的中国发行公司，结果发现人家是阿里系的公司，跟这家前三名的游戏公司一毛钱关系都没有。如果说这家游戏公司没有什么可吹的也就罢了，刚巧那一年唯一一款现象级手游就是这家公司出的，但是这位小哥的演讲从头到尾几乎只字未提这款产品。看到这里，聪明如你，应该想到点儿什么了吧？内斗哪个公司都有，但是扩大化到这种行业会议的台面上那就太不高端了。

你站在台上，你就代表公司，你相当于公司的外交官，一切就应该以公司利益为出发点，其他小恩小怨都要放在一边。这是最基本的职业素养，是职场的底线。

如果是代表个人的演讲，也不能云山雾罩地瞎说，还是要围绕着演讲的主题，同时也要考虑，你想要呈现自己的哪一面？想要把自己打造成什么样的人。也就是说，你需要一个人设，你可以把自己想象成一个演员，每次演讲都是你新接的一部戏，在这部戏里，你要塑造的是什么样子的你？

② 谁在听你演讲

除了要弄清楚自己扮演的角色，还要搞清楚观众的是谁。

不同行业、领域、身份的观众，行为习惯可能有很大不同。众所周知，游戏行业、互联网行业以及泛文化产业的会议，绝大部分都不会准时开始，会稍微拖一点时间，所以掐着点儿来没关系。而我每次参加政府部门主办的会议，都要至少提前十几分钟甚至半个小时到场，如果掐着点儿进来，就会看到所有的人全都整整齐齐坐在座位上了，感觉所有人都在看你，很是尴尬。不同领域的观众，习惯和传统会有很大差别。

再举一个我亲身经历的例子，同样是讲IP，针对不同的行业有不同的讲法：给出版行业讲，重点放在出版物IP的变现上；给二级市场的券商讲，重点讲IP产业链的商业模式和市场趋势，以及IP在整个产业链中的作用；给VR行业讲，重点是VR内容对IP提出的新需求；给学生讲，要扫盲，要深入浅出……就算是同一个行业，譬如游戏行业，针对不同的人群也有不同的讲法，台下是行业中的高管，就要讲宏观趋势；台下是中小CP、创业者，演讲的内容就要接地气、可操作……对研发讲要偏产品，对运营讲要偏市场，这样才能让观众爱听，也能让他们有所收获。

演讲的时候要注意观察，尤其要重点观察前三排的重要嘉宾，在说到那些业界耳熟能详的专有名词以及缩略语的时候，如果在他们脸上看到了困惑的表情，就一定要补充一下名词解释。记得有一次，我给二级市场的券商介绍IP，在提到端游（PC客户端网络游戏）、页游（PC网页游戏）、手游（手机游戏）的市场格局变化的时候，我没有在他们脸上发现任何不解的表情，所以也就没有详细说明，结果一场讲完，在提问环节的时候我才发现，他们当中一部分人认为端游是steam上的游戏，一部分人认为端游是PC单机游戏，还有一部分人认为端游是电视机游戏。但是在任何一份游戏产业的调查报告当中，端游都是指PC客户端网络游戏，跟前面那三种定义不仅相差巨远，而且从国内的产值和市场规模上来说，也有天壤之别。这种观众自以为懂了，但事实上满拧的情况是最不容易观察出来的，所以事先了解观众的构成十分重要，了解他们对你演讲主题的熟悉程度，可以帮助你更好地组织内容和语言，以便打造出最能被他们接受，也最能让他们有所收获的一场演讲。

③ 夹带私货

前面说过，公开演讲是个非常高效率的活动，以一对多的形式，迅速地传递你的内容和思想。一般大型的会议和论坛，还会邀请媒体，媒体的稿件将再一次将你的演讲内容传播到更多人的眼中。

既然是这么好的一个传播途径，很多人都会在演讲中夹带私货：给自己公司或者自己做做广告。这种现象很常见，也无可厚非。但是做广告要有技巧，不能为广告而广告，一定要做到干货为主，广告为辅。广告的形式也不能太硬，必须软一点儿。

前面提到的举自己公司的例子就是一个好方法。披露自己公司的一些内部数据也很受欢迎，当然要在公司规定允许的情况下。对外分享数据本身就已经站在了一个话语权的制高点上，尤其是一些平台大数据，两家同样量级的公司，你肯讲，对方不肯讲，你就会比对方多了那么一点儿领袖风范。

链接和二维码之类的，直接导量的硬广告，我个人是不建议放的，除非是很小规模的演讲，或者之前出场的其他演讲人都放了。更软一点的技巧则是将你的官网、公众号等的截图作为PPT的配图。在演讲现场，真的会拿出手机扫二维码的人其实并不多，这种太硬的广告很容易引起观众的反感，放截图更含蓄，而且效果也不差。

前几年我做手游发行，经常会评估各种游戏，除了需要研发商提供版本之外，通常还需要他们提供截图和视频。我经常对他们说，聪明的研发商在截图的时候，给游戏角色起名字就会很用心，最适合的角色名字就是"公司名称+游戏名称"，这样我只要看到你的这张游戏截图，就能想到这是哪家公司的哪个游戏，这要比在截图上额外贴一个游戏Logo要好，当然贴Logo要比不贴好。有时候，一张图能给出的信息量，要比一段文字多很多。

代表个人演讲的时候，有些人也喜欢夹带一些个人的私货进去。当然，如果是商业性的，譬如推销自己的公众号、出版物之类的也很正常。但如果是思想性的，那就很奇怪了。有位老先生，是史学界的泰斗，出了本很好的关于物质文化史的书，但是讲到烟草一节的时候，很突兀地提到了一个宣布退出中国国籍的、很有争议的人，而且这个例子只是说明了这个人是烟民，很难戒烟，跟物质文化史没有任何关系。作为这位老先生的粉丝，我像吃了苍蝇一样恶心，而且之后再也没有买过这位老先生的书。

公开演讲应该尽量做到政治正确，尽量避免有争议的内容，演讲内容中讲到有争议的问题都要慎之又慎，莫名夹带有争议的私货，其实是得不偿失的，而且会有很大风险，请勿轻易尝试。

7/3

人多人少大不同

我们经常听到一个词，叫气场，不仅人有气场，空间也有。同样是听戏，坐在池子里和坐在二楼听，感觉就是不一样。在国家大剧院听和在小茶馆听，也有很大差别。同样道理，不同的场地空间，不同的观众人数，给予演讲人的感觉也是不同的。或者说，空间也是一种能量，作为演讲人，你的气场必须足够强大，压住空间的气场，才能做到收放自如。

经常演讲的人都会有这样的体会，同样的演讲内容，给几十个人讲和给上千个人讲，讲完之后"累"的感觉不同，场地越大，听众越多，会感觉越累。那种疲倦和气短的感觉就像是"耗尽了全身所有的力气"。所以，事先一定要了解会议规模，要踩台，做好充分的心理准备。

郭德纲曾经说过：说相声要分场合、分观众，30个人的小茶馆怎么说，3000个人的大剧场怎么说，说法是不一样的。有些活儿，适合在小剧场面对老观众使，会很有意思，有互动，有回应，场上场下其乐融融。而大剧场通常是一家几口来听，有老有少，对相声的了解也各不相同，有老钢丝，也有第一次听相声的，说的段子就要老少皆宜，不能太闷。

面对不同规模的观众，相声的说法不一样，同样道理，演讲也是如此。

① 小有小的门道

我最喜欢的演讲场合，就是几十个人的小沙龙，或者受邀去其他公司内部培训，人不多，气氛也比较轻松随意，话题也可以展开得比较自如。更重要的是可以加入很多互动。譬如说可以适当缩短演讲的环节，增加演讲后的问答环节，这样就相当于你为这一批观众定制了一个专属内容的演讲，既满足了观众需求，自己也会比较省事。

同样道理，我们甚至可以在演讲过程中进行即兴的一对一对话，像是老师在课堂上那样。当你在演讲过程中，看到某个听众有皱眉、摇头等表情，或者两个人在开小会窃窃私语，就可以直接点出来。

"那位先生，我看你似乎不同意我的观点，说说你的观点好吗？"

"请问您有什么问题吗？是不是我哪里没有讲清楚？"

"两位在讨论什么呢？看上去很有趣，何不让大家都听听？"

这种点名式的互动，只能是小范围演讲的情况下进行，人一多就尴尬了，像是点名批评。

还有郭德纲最常说的那种互动：看到有观众离席，就会说"那位听不下去了，走了，嫌我说的没劲。""哦！上厕所啊，早去早回哦！一定要圆满成功哦！"这样的调侃，也不适合用于大型会议，但是稍微收敛一下，可以用于小型沙龙。

再举个例子，譬如说你讲着讲着，看到台下有人在玩手机，你可以这么说："虽然说现在手机游戏已经很普及了，但是我们可以看到，周围很多人还是不玩游戏的，所以手机游戏的人口红利并没有消耗殆尽。那位一直低头玩手机的先生，请问你是在玩游戏吗？"这么一说，那位玩手机的肯定抬起

头来，"您能告诉我，您手机上装了几款游戏吗？"不管那位怎么回答，你都可以接下去，"在座的各位，有没有手机上一款游戏都没有装的？请举下手！"如果有人举手，你可以说，"很好，你们几位就是手机游戏的潜在用户。"如果没人举手，也可以说，"看来手机游戏在我们今天这个会场已经十分普及了。"这样，那位看手机的观众不会觉得太尴尬，同时注意力也会回到演讲当中来。

② 大有大的技巧

如果是规模很大的会议，我们首先要镇住场子。镇住场子的关键就是整个演讲流程不出任何问题，要做到把大部分观众的注意力都吸引到演讲上面，少部分没有认真听讲的观众也都很安静，没有做出扰乱会场秩序的行为，如大量走动、退场、聊天等。

想要镇住场子，首先要树立权威。如果你的身份资历足够显赫，就要在开场之前，通过主持人的介绍和你的自我介绍强调出来。如果资历不够显赫，那就要让自己充满自信。隆重的服装也会为你的气场加分，显示出你对这场演讲的重视，这种重视会被观众解读为你演讲内容的权威。

PPT做得很精美，有大片感，也能为镇

住场子添砖加瓦，前面介绍过的"高桥流"和"一图流"，都是属于比较高端的风格，一页上面的内容越少，越显得大气，越有视觉震撼力。如果是寻找现成的模板，用类似"大气"、"欧美"、"扁平"、"时尚"、"杂志风"等关键词寻找就比较适合，而类似"小清新"、"手绘"、"复古"、"唯美"等关键词找到的模板可能就不太适合，这些风格更适合小规模听众的演讲。

再来就是声音。声音洪亮，吐字清晰肯定能震慑全场。眼神也很重要，虽然观众不一定能看到你的眼神，但是你的眼神能够调动你自己的精气神，眼神犀利了，话语自然也会犀利起来，连反应速度和思考速度也会随之加快！当眼神充满力量的时候，你会感觉到整个人所有的感官都灵敏了起来。首先要让自己燃起来，才能够燃烧整个会场。

会议规模越大，越不适合互动、抓现卦、讲笑话、说各种与主题关系不大的内容，否则只会降低你的权威性，分散观众的注意力。

当观众人数较多的时候，也可以适当加快速度，让观众来不及思考，必须紧紧跟上你的节奏才不至于遗漏，这也是牵着观众注意力走的一种很好的方式。

总结起来就是大声、坚定、迅速、充满激情地完成你的演讲，这种方式最适合大规模观众的场合。

8/3

通过"抓现卦"出彩

"抓现卦"是相声行业的专业术语。您看您这本书买得多值，学会了演讲技巧，还饶好几段相声。

相声是一门语言的艺术，从某种程度上而言，它也是演讲。你看，演讲和单口相声一样，都是一个人站在那里说，没有化妆，没有服装，演讲好歹还有个PPT，相声演员连PPT都没有。

说了这么多，"抓现卦"又是啥呢？说白了就是现场即兴发挥。不是事先安排好的词儿，演讲稿里面也没有，通常都是以现场发生的某个事儿，或者某个人为契机，随便调侃几句。

舞台艺术和电影、电视剧最大的不同是什么？就是每次演出来都不一样，同样一段相声《报菜名》，马志明说的和郭德纲说的就不一样，同样是马志明说的，他每次说也不一样，很多时候，这种"不一样"也体现在现卦上。

① "抓现卦"的好处

"抓现卦"有什么好处呢？一方面它有趣儿，能调动观众的情绪和注意力，"现卦"和"八卦"都带个"卦"字儿，说的内容也是调侃居多，最能活跃气氛。

另一方面，现场如果出现了意外情况，可以用"抓现卦"缓解尴尬。例如有一次郭德纲的演出，刚上台话筒就倒了，郭德纲赶紧接了一句："您看话筒都懂礼貌，见着您还知道鞠躬！"一句话赢来满堂彩。这要是不会处理的，看见话筒倒了，自己先一身汗，扎着手不知道怎么办，左右看看用目光求助工作人员，再不然就是低头弯腰把话筒扶起来，站起身的时候囧得满脸通红，接下来心情也受影响了，气势也弱了，人也紧张了，一场演讲讲得磕磕巴巴跌跌撞撞，这种情况我还真见过几次。

我自己有一次演讲，不知道怎么一激动把翻页控制器掉地上了，电池都摔出来了。我赶紧接了一句："今天主要讲干货，全是老板不让说的，我们公司的内部数据，大家千万别外传哈！您看把我紧张的，传出去我饭碗就没了。"一句话，把尴尬轻轻揭过去，同时也把观众的好奇心调动起来了。

还有一次，在某个会议上，我是第一个演讲人，结果我还没上台，现场的电路就出问题了，大屏幕不亮了。几个工人忙着检修，但看上去不像是几分钟能修好的小问题。本来这种情况可以有两种解决方式，一种是我直接上去，不用PPT演讲，同时电工修着；另一种是主持人上台来，说明情况，会议推迟开始。当时担任主持人的是移动互联网应用产业联盟理事长王鸿冀老先生，他拿起话筒，走上台去，跟观众说明情况之后，便开始了二十分钟的现卦，谈笑风生，旁征博引，观众也爱听，场上气氛也没冷下来，直到电路修好，大屏幕亮起来为止。

② 对事不对人

那么，现卦应该怎么抓呢？

首先现卦有两种，一种对人，一种对事儿。对事儿的好办，没有太多的忌讳，对人

的可就要注意了，有些人能抓，有些人不能抓。最不会出麻烦的就是关系近的人，你们关系好，私底下经常开玩笑，知道底线在哪儿，你就可以拿他抓现卦。但要注意的一点就是，有些太低级的玩笑私底下可以开，放到台面上说不合适，也容易引起观众反感。另一种人我们可以称为"贤者"，有名气，有肚量，虽然你跟他不太熟，但是也可以拿他抓现卦，只要这个现卦不是负面的就行。

针对事儿的现卦，内容就很广泛了，天南海北，什么都可以说，但一定要选择观众了解和知道的，不能太冷门，最好是能够让观众感同身受的。例如下面这样的。

"我听说前两天北京召开一个针对雾霾的研讨会，我们广东的一个专家坐飞机来北京演讲，因为雾霾迫降内蒙古了，第二天会开完了，飞机才能飞，他就直接回广东了。今天我们这个会，老天爷是真给面子，晴空万里。"

"人来的不多啊，是不是很多人堵在道上了？没办法，北京是'首堵'嘛！"

虽说事儿能随便抓现卦，但事儿很多也是跟人有关的。上面这两个例子，都跟人没关系，属于"今天天气哈哈哈"类型的，怎么说都行。如果和人有关，还要掂量着来，不能因为这个得罪人。

如果某个事儿是大伙儿都反感的，你可以稍加讽刺，问题不大。譬如说，你在台上讲着，台下有人打电话，这是个不良行为，稍微带点儿讽刺没关系，你看，不同的相声

演员有不同的应对方式：

"（一拍惊堂木）什么人……手机在响！"

"把乐器先关掉，我们是无伴奏表演。"

"这怎么相声还有前奏呢？"

"我怎么听着像群口啊！那个人在哪儿呢？不行，我得找找去！"（这是手机响的人已经接起来说话了）

我也遇到过类似情况，正讲到"智能手机的普及让游戏从小众走向公众，手机作为通话工具的功能在减弱，而作为综合终端的功能在加强"的时候，台下手机响了，我说"看吧，台下这么多人，都低头玩手机呢，就这一位在通话，其他低着头的人是在玩什么游戏呢？"这么一说，不仅出彩，而且那些玩手机的人也会不好意思，但是并不会得罪人。

③ 对人不对事

"我今天要说的这段相声叫《报菜名》，蔡明可不是一般人能抱的，哎！我一说这个，蔡明她怎么就跑了？"当时蔡明就坐在台下，这就是典型的针对人的现挂。

针对人的现挂主要是和现场其他嘉宾互动，也是观众喜闻乐见的小爆点。我的演讲，以游戏行业的内容居多，免不了会拿一些游戏举例子，但凡是正面的例子，台下又

坐着这家公司的人，我又认识这个人的时候，我总是要抓两句现挂：

"你看，这张图一出来，台底下某某公司的某总就笑了，今年现象级产品啊，一提影游联动，不得不提这款游戏。怎么样，某总，月流水有几亿了？"

"这是我参与过的会议当中人最齐的一次，一个提前走的都没有，为什么啊？都在等某某某（某明星）吧？她还没来呢，别急，我刚才在下面跟她名牌先合了个影，就在我位子旁边。什么是明星效应，这就是明星效应，它天生有一种拉动力，明星也是IP的一种，我们来看看除了明星IP之外，IP还包括哪些方面。"

这种现挂一方面能够活跃气氛，另一方面也能拉近人与人之间的关系，让人放松和柔软起来，这种感觉很容易让观众对你产生好感。

9/3

说点电视台不让播的

"说点儿电视台不让播的"这句话又是郭德纲的经典台词，每次一说出来都是满堂彩。咱们这章内容算是跟相声干上了。

开宗明义，第一句就说"说点儿电视台不让播的"，但是郭德纲真说了电视台不让播的了吗？并没有。不信你去网上搜一下这段儿，没有一句违法乱禁的内容，连三俗的内容都不多，甚至水得您都不记得他说了什么，但是您记住了这句"说点儿电视台不让播的"。

① 人人都爱 标题党

这就是标题党啊！在信息爆炸的时代，每个人面前都堆积了太多的信息，根本处理不过来，你不做标题党，就不会有人关注你接下来要说什么；就算你做标题党骗人了，似乎也并没有人揪住你这个唬人的标题找你算帐。所以，在演讲的时候标题党一下肯定是对你有利的。

营销号、自媒体们已经深知做标题党的好处，于是中老年朋友圈中经常充满了这种骇人听闻的标题：

"太可怕了，这样吃可能会丢命！"

"有女儿的人都要看！不看会后悔！"

"移动公司紧急提醒，这条短信会让你倾家荡产！"

"震惊！菠萝很可怕，你吃了一辈子都不知道的事。"

"选错牙膏！后果很严重！"

"央视曝光已死亡万人，请以最快速度通知你的家人和朋友！"

点进去，不是谣言，就是老生常谈，再不然就是心灵鸡汤。但是你点了吗？点了。你点了他就赢了。

演讲也是同样的道理，不精彩的内容，如果有个精彩的铺垫，吸引力就完全不一样了。下面举例说明：

"今天不做广告，全讲干货，满满的都是数据，准备好你们的手机拍照吧！"——下面其实就是一个讲过好几次的PPT，大部分都是老生常谈。

"做了一年发行，看过500多个产品，和500多个CP打过交道，我发现其中90%的CP都犯了一个严重的错误。"——下面讲的就是CP在和发行商打交道的时候，资料应该准备齐全，应该注意哪些细节等等，没啥新鲜的。

"现在二次元游戏的概念非常火，但是市面上绝大部分自称二次元游戏的游戏，根本不是二次元游戏，你们这些现充根本不懂真正的二次元。"——下面是全方位抨击所谓的"二次元游戏"。

"有个特有名的公司，以每个一千多万的价格，买了一堆大IP，两三年了，一个游戏也没做，为什么啊？因为他们上当了，他们买的那些所谓的IP根本不是IP，一文不值。不！也许值个一两万。总之不值得再投个几百万、一千万做款游戏，花钱买个教训吧。"——接下来讲的当然是什么是IP，IP价值评估等内容。

② 我有个秘密，只告诉你一个人

"说点儿电视台不让播的"这句话的含义当中还包括说点儿私房话，说点儿不能放到台面上讲的话，类似于"我有一个小秘密，今天只告诉你一个人"的意思。这种感觉可以迅速拉近演讲人和观众的关系，增进亲密感。例如下面这些秘密。

"今天人少，说点儿干货，某某产品的数据我可是第一次对外说，我都没写到PPT上，大家听听就行了，千万别外传。"——接下来当然有干货，有数据，但是并没有那么机密。

"我开发的这款手机游戏，提交苹果公司审核了十次，历时半年，最终才审核通过，中间各种沟通，各种扯皮，所以关于提交审核的技巧，我可是积累了不少，这次全部分享给大家。"——下面的内容还是关于审核标准和提交技巧的老生常谈，但是人们就是这样，更爱听你说你走麦城，不爱听你吹牛。

"说到这儿，我讲个八卦，有个挺有名独立游戏制作人，拿到了投资，做了款还算叫好叫座的游戏，他们找到我，让我给他们写个定制小说。我问你们给多少费用啊？他说版权归他们，我拿稿费。开出的价格我就不说了，晋江新人也没那么少，还不够我家狗的狗粮钱。我当时就说，我不擅长写这类小说，你去找起点的白金大神吧，他们更适合。他就乐颠乐颠地去了。我其实特想知道那些起点白金大神是怎么怼他的。"——接下来讲的是游戏IP衍生文学的问题，以及IP估值方法。其实跟这个例子关系并没有那么大，但是八卦人人爱听，我又报了一箭之仇，何乐而不为呢？

千万千万要注意的一点就是，让你"说点儿电视台不让播的"，不是真让你说"电视台不让播的"，凡是涉及政治、色情、宗教的内容，以及其他法律法规不允许的内容，是一定不能在公开演讲中说的。千万不要为了现场效果跨越这条红线，说者无心，听者有意，一旦有人录下来传到网上，将是一生的麻烦。有很多做脱口秀类节目的名人，都曾经有这样的困扰，某次节目的一句话内容不得体，会经常被人截取出来，时不时就放在网上吊打一番，你怎么洗都洗不干净。祸从口出，不可不慎。

八个妙招转败为功 / 出错了怎么办

Chapter

4

人在江湖飘，哪能不挨刀。演讲多了，总会出错。出错不可怕，可怕的是出了错不知道怎么办，僵在台上下不来台。

所以，这一章我们就来盘点一下，演讲中经常会犯的错误，以及犯了错误之后，应该怎么应对。怎样能让错误显得不明显？怎样能让错误得到观众的谅解？怎样能把出错变成出彩？这些问题，我们都能在这一章中找到答案。

忘词或口误怎么办

人非圣贤，孰能无过。常在河边站，哪有不湿鞋。经常演讲的人都知道，演讲说错话那是常有的事儿，根本不必太介意。

口误在演讲中出现得非常频繁，可以分为以下几类。

最常见的是"谐音式口误"，属于发音不清楚、不准确的范畴，和前面说过的"吞音"有点近似，基本上都是因为语速过快或紧张引起的。例如把"滚滚长江东逝水"说成"滚滚长江东似水"。

其次常见的是"语序颠倒式的口误"，譬如把"顺我者昌逆我者亡"说成"顺我者亡逆我者昌"，把"周杰伦的《双节棍》"说成"周杰棍的《双杰伦》"等，其原因一方面是对内容不熟悉，另一方面是因为紧张，想要赶快讲完，心里想着后面的内容，嘴里不知不觉就说出来了。

再次是"词汇替换式口误"，例如"随着守门员一声哨响，比赛结束了。"这种口误通常是因为精神不集中，脑子走神，或者头脑中正在回忆之前讲过的内容。

再来是"画蛇添足式口误"，譬如最经典的"迅雷不及掩耳盗铃之势"这是所谓的"口滑"造成的，把两个常用语混在了一起，其根源还是因为精神不集中。

最后一种是"逻辑型口误"，这种口误在演讲中比较少见，一般是在准备内容的时候就没有想清楚要说什么。如果能认真做好演讲准备就可以避免，还是用黄健翔的经典例子："各位观众，中秋节刚过，我给大家拜个晚年。"

有些演讲是绝对不能说错话的，例如总统就职演讲，外交场合的演讲等。一般在这种情况下，演讲者都会进行大量的事前准备，保证对演讲内容极其熟悉，即使是类似新闻发布会那种，无法确定演讲内容的情况，事先也都会演练各种应对方案。这种演讲已经不是演讲人一个人在战斗了，其幕后有可能有个非常庞大的团队在支持，演讲者如同一个演员，而团队就是编导摄影。这样的一场演讲下来，其成就感犹如打赢了一场战役。譬如折服了以刁钻闻名的美国记者华莱士，就经常被某位长者挂在嘴边夸耀。

虽然我们普通人的演讲没有这么重要，但是我们也需要了解，一旦忘词或者口误，应该怎么应对才算得体。

① 装作什么都没有发生

当你说错了一句话，你首先要判断这个错误的严重程度。

当你说错了一句话，如果每个人都能听出你是口误，而且这个错误对于你要表达的观点没有太大影响的时候，你可以装作什么都没发生；当你说错了一句话，如果大部分人都没能听出你是口误，而且这个错误对于你表达的观点没有太大影响的时候，你也可以装作什么都没发生。

请注意，上面两句话的区别在一个关键字上，那就是"没"字。

在第一种情况下，各种口误类型都有可能，谐音式口误最常见。观众会反应过来演讲者说错话了，但是错误不大，正确的意思大家都能理解，大部分人都会一笑而过，甚至会觉得演讲者有点蠢萌。在心理学上，有

个词叫做"犯错效应"，一个知名的、专业的、高高在上的人，如果犯了低级的、大部分人都不会犯的小错，反而会让公众觉得这个人真实可亲。所以，这种小口误不会给你的演讲减分，反而会给你的亲和力加分。

第二种情况下，通常是语序颠倒类口误，汉语有这样一个特征，就是当句子中的文字语序颠倒的时候，大部分人会顺利地读下来，并且发现不了问题。例如"春眠不觉晓，处处啼闻鸟"，很多人会觉得这句话没问题，而且会读成正确的"春眠不觉晓，处处闻啼鸟"，完全不会发现句子中的"闻"字和"啼"字颠倒了。所以，语序颠倒类口误很容易在演讲中滑过去。既然大家都没发现你的错误，这时候如果你刻意地去纠正，反而不美。

至于忘词的情况，如果你在两三秒内想起来了，那么也适用于"装作什么都没有发生"这一策略。

② 勇于认错，立即改正

对于大多数没有经验的演讲者，在台上突然忘词，脑子会一片空白，通常在两三钟钟的时间内是没有办法继续接下去的。这时候就适用于"勇于认错"策略了。

"不好意思，我忘词了"，如果脸皮薄的

话，说这么一句话就可以了，然后马上翻翻稿子，或者看看PPT，找到接下来该说啥。如果实在找不到词儿，也想不起来，可以直接把这页PPT跳过，不做任何解释。这种事情越描越黑，能淡化处理是最好的。因为并不是所有的观众都在注意听讲，会有一部分分神的人根本不会发现你忘词了，而你刻意去强调这一点，反而会让所有人都知道你出错了。

如果是口误，在以下这些情况下必须承认错误。

其一是重要的信息和数据说错，这种错误会造成整个意思的歪曲，令观众接受到完全错误的信息，这时候一定要认错，并且要着重解释一下。

例如，"不好意思，刚才说错了，正确的数据应该是XXXXX，这个数据来自某某机构2016年的调查报告。"

还有一个最经典的，"你看她们的短裤也很有意思，网球运动员的短裤是特制的，里面可以放好几个球不掉出来。哦，她们穿的是裙子。"

其二是这个错误会有歧义，可能一部分观众认为你没说错，另一部分观众认为你说错了，还有一部分观众满头问号，不知道你说错了没有。这时候就必须拨乱反正，澄清一下，解除大家的困惑。

认错和改正的过程，一定要坚定且准确，首先要明确告诉大家，自己刚才说错了，请忘掉刚才的内容；其次说出正确的内容，并加以强调，甚至再三强调都不过分。有些人在这个过程中喜欢重复一遍错误的内容，例如下面这样。

"不好意思，刚才说错了，正确的数据应该是XXXXX，而不是XXXXX。"

这样做很不妥，既然是错误的内容，就应该淡化它而不是强调它，避免让观众加深印象，以免记住了错误的内容。大家在学生时代应该都遇到过这样的现象，考试的时候见到一道题，记得以前做练习的时候做过，而且清楚地记得自己一开始做错了，被老师纠正过，但是现在却只记得自己做错的解法，而想不起来老师纠正过的正确解法了。这就是因为错误的答案在你的记忆中留下了深刻印象的缘故。

③ 调侃或解释

面对忘词或口误的错误，采用调侃或解释来应对，属于勇于认错的升级版。

如果你忘词了，在承认忘词的基础上，调侃自己几句，会有活跃气氛的效果，也会让观众觉得你更可亲。多说两句话，解释一下犯错误的原因，也是一个标榜自己、刷存在、赢好感的好机会。

"不好意思，刚才说错了，刚才这个数据是月流水，不是利润，你看我想挣钱都想疯了。"——一句话轻轻揭过，也能给观众留下深刻印象。

"我们部门2017年完成销售额3456万元……不对，应该是2016年。昨天晚上一直在修改2017年业务目标，天快亮了才睡，一直想着这事儿，随口就说出来了，2017年可不能这么少，怎么也得翻一翻吧！"——这么一说，你认真工作，努力加班，积极进取的人设就很丰满了。在领导心目中印象满分。

如果是忘词的情况，你停了几秒没想起来，认错之后也没想起来，这时候可能会有点慌，没关系，可以调侃或解释一下。一方面缓解尴尬，另外一方面也给自己一点缓冲的时间，像下面这样。

"我刚才说到哪儿了，一激动想不起来该说什么了，（再念一遍PPT的标题）这个问题可以分这样几方面来说……"相当于把刚才讲过的再捋一遍，这样可以重新理清思路，给自己一些线索，以便回忆起下面要讲的内容。

如果你遇到了很极端的情况，忘词忘到怎么也想不起来了，情绪濒临崩溃，怎么办？首先一定要稳住情绪，不能在台上出丑，深呼吸，保持静默几秒钟，所谓的静默是没有任何动作，也不说话，这种状态在5到7秒钟以内是观众可以容忍的。在这个过程中，想想你的救命稻草在哪里。

如果你准备了逐字演讲稿，那么这时候可以拿出来读，不要不好意思。如果你的演讲稿只是一个提纲，那么你可以用比较慢的语速开始朗读，这时候要逐渐稳定情绪，寻找感觉。一旦思路清晰了，可以在朗读的过程中加入一些提纲中没有的内容，慢慢回到正常的演讲状态。如果你没有提纲，也可以按照同样的方法朗读PPT上的文字。

还有一个小技巧就是，可以把你的提纲写在PPT的备注栏里，在很多情形下，这样要比翻找稿子或手卡更自然一些。

2 / 4

PPT无法播放怎么办

PPT无法播放，这应该是演讲当中很严重的事故了。

PPT无法播放的情况有很多，例如现场电路发生了问题，大屏幕不亮了。这种情况我遇到过两次，但都在半小时之内就修好了。这种情况下，发现问题，第一时间和主办方以及场地方联系，尽快维修即可。

另一种情况是你自己的PPT显示不正常，这种情况我也遇到过几次，通常是因为使用了不常用的软件制作PPT，或者PPT模板的某些插件和系统不兼容，也有可能是会议主办方使用的电脑中软件版本比较低的缘故。如果能在彩排或踩台的时候发现这种情况，可以及时修改PPT，有时候只要另存为另外一种文件格式，或者删除一些动画就可以解决。

如果事先没有发现这个问题，或者不愿意修改PPT，解决的方法有两种，如果你特别喜欢使用插件制作炫酷的效果或者喜欢用奇怪的字体，可以随身携带自己的电脑，事先和会议主办方说明，用几十秒的时间，把你自己的电脑插上去。不过这么做有点做作，比较容易引起主办方和其他演讲嘉宾的反感，如果是小型沙龙一般没有问题，大型会议还是不建议这么做。

还有一种解决方案就是凑合播放。来不及改PPT，也没有带备用的电脑，就只能这样了。我见过很多演讲人都是这么处理的，包括我自己。一般来说，这种显示不正常通常表现在字体丢失、文字折行错误和动画播放错误等方面，对主体内容的影响不大，大家都能够看明白，只是页面不够美观，在来不及重做的情况下，选择凑合用是最简单直接的解决方案，总比没有PPT强。这时候你可能需要解释一下或者自我调侃一下，和观众说明原因，同时在演讲的时候，最好把PPT上的文字念一遍，协助观众阅读。这种演讲的感觉有点像看电视剧，如果没有字幕的话，只要配音清楚清晰，对于观众了解剧情其实并没有太大影响。

最极端的情况就是，由于种种原因，你事先准备的PPT怎么都播放不了，你只能不用PPT来演讲。当然，在前一种PPT显示不正常的情况下，你也可以选择不使用PPT来演讲。

在演讲中，PPT的播放有两层意义，一方面是协助观众更加直观地理解你的演讲内容，另一方面是协助你记忆你的演讲内容。如果PPT不能播放了，第一方面自然就无从谈起了，这也是没办法的事情，但是第二方面就比较棘手了。

如果你没有准备打印好的演讲稿或演讲提纲，一切辅助记忆的东西都依托在PPT上，怎么办？是不是会有叫天天不应，叫地地不灵的感觉？完全凭记忆去把一场演讲顺下来，需要你对内容相当熟悉，这比较难做到。这时候有一个小技巧可以帮助你，那就是在每次演讲之前，都把PPT拷贝到你的手机上，有备无患。

手机上有很多APP都能打开PPT，而且显示效果完全没问题。微信也好，邮箱也好，办公用APP也好，随便哪一个都可以。这样做的好处在于，一方面可以随时拿出来看看，熟悉内容，飞机上、车上，甚至别人在台上演讲你在台下听的时候，都可以拿出来熟悉内容。一旦遇到PPT没法播放的情况，大可以拿着手机，踏踏实实走上台去，一边看着手机上的PPT一边演讲，就完全不怕记不住内容了。

这里面还要注意的一个小问题，就是PPT上的文字一定要大。因为手机屏幕很小，如果PPT上的文字太小的话，不放大来看根本看不清楚。而站在台上，需要一手拿着手机，一手用两个手指操作放大，既不方便，也不美观。

我有一次就出了这样的状况，那次倒不是公开演讲，而是一次微信上的公开课，为了装酷，我使用了一个字号很小的PPT模板，发到微信群里大家看不清楚，我也看不清楚，所以我在讲的时候也经常需要把页面放大，但是放大页面又看不到观众的互动，而且系统的功能还有点问题，易用性也不好，操作起来手忙脚乱。这就是做PPT的时候没有充分考虑到使用场合的结果。

如果是去另一家公司讲标之类的演讲，肯定会自己带电脑过去，如果电脑突然发生故障，把手机里的PPT倒出来，借对方一台电脑，就可以很顺利地进行下去了。哪怕是对方没有电脑，或是其他商务场合偶遇，手机里准备好PPT，也可以随时随地开始洽谈，不会错过任何一个商机了。

意外随时都有可能会发生，所以我们要随时准备应对预案，我每次演讲的时候，如果没有特殊情况，都会把PPT事先发给对方，同时，自己一定带一个拷贝有PPT的U盘，并且手机里也一定有这个PPT，为演讲上一个三保险。

3/4

突然被告知演讲时间缩短怎么办

如果主办方突然告诉你，请你缩短你的演讲时间，从十五分钟缩短到十分钟，怎么办？这种事情听起来很不合理，但是都经常发生。

有句顺口溜叫"八点开大会，九点领导到，十点作报告"。会议流程的计划总是很丰满，而现实是却是更丰满的注水猪肉。凡是会议，总会超时，不超时能按时结束的会罕见得如同珍稀动物，除非是砍掉了一些环节。譬如某次会议上，本来安排最后一个环节是一个圆桌论坛，我也是参与者之一，后来就因为超时而取消了。我因为前面还有单独的演讲，倒是不觉得怎么样，可是原计划圆桌论坛的参与嘉宾当中，有的人是专门为这个圆桌而来的，不知道后来主办方怎样安抚他们了。

我既是各种会议的常客，又曾经负责公关工作，有丰富的办会经验，而且我以精准控制演讲时间著称，比铁道部还可靠，但即使在这种境况下，我办的会也依然免不了会超时。

作为会议主办方，可以采取多种手段防止会议超时。譬如说通知2点到2点半签到，实际会议3点钟开始，这样就能保证会议开始的时候人都来齐了，可以准时开始；又或者安排专人跟催重要的演讲嘉宾，从他们还没出门就开始不断提醒；还有严格审核演讲PPT，发现PPT页数过多时，要和演讲人沟通修改；规定演讲时间过半时礼仪举牌提醒，倒数五分钟、三分钟、一分钟分别举牌提醒，超时持续举牌；给领导发言留出充足时间，甚至打出冗余量；规划出茶歇时间，一旦前半程超时则取消茶歇……然而这一切依然无法阻挡某些演讲人口若悬河、滔滔不绝。于是，时间过半的时候议程还没过三分之一也是很常见的，这时候就要想应对措施了。如果会议结束之后是晚宴一类的，可以稍稍延后的活动还好办，如果是参观某个园区，预定的车已经在会场外面等着了，就只能要求后面的演讲人压缩内容，加快进度了。

作为演讲人，精心准备好的演讲被压缩，自然是不开心的，但是没有办法，还是要配合会议主办方，启动适合的应对方案。

接到缩短演讲时间的通知之后，首先拿出PPT，看一下哪些部分能够缩减。这里不建议采用平均缩减的策略，也就是每一页少讲一点点这种方案，因为这样做肯定会让你的演讲减分，而不是加分。浓缩的才是精华，我们要做的是把PPT水分去除，让内容更厚重。所以说，我们应该找到整个PPT最不精彩的部分，把它们砍掉。这里所说的砍掉不一定是要删除这页PPT，而是在讲到这页PPT的时候一句话带过。而整个PPT当中最精华的内容，不仅一句都不能少，甚至还要重点强调。

一个严重超时的会议进入到后半程，不仅主办方手忙脚乱，下面的观众也会很烦躁，这时候就要有能让观众兴奋的内容出现，这样才能调动起观众的积极性。这个内容可以是：一个精彩的案例，一个振聋发聩的观点，它们都有这样的作用。如果你可以在演讲中将它们演绎得更出彩，观众一定不会吝惜好感。可以说，他们对那些又臭又长又超时的演讲有多恨，就会对你有多爱。

上场之后，可以稍微解释一下当前的状况和你的遭遇。

"下午讲就是不好，轮到我时间不够了，刚刚主办方说让我的演讲从二十分钟缩短到十五分钟，我尽量讲快一点，有什么没讲清楚的地方，欢迎大家私下跟我交流。"

这里面有好几层意思：第一，怼了一下前面那些超时的演讲者，会让观众感觉到替自己出了一口恶气，大快人心；第二，说明了压缩时间的状况，让主办方觉得欠你一个人情；第三，暗含着提了一点，那就是如果演讲效果不好，那是时间不够的问题，让观众对你的实际演讲水平有更高的评价；第四，还有很多干货，今天没时间讲了，欢迎大家来交流，附加的商务BUFF满分！

所谓"转败为功"，就看这一下了。

4 / 4

突然通知演讲时间加长怎么办

突然被告知要延长演讲时间，这种情况不多见，我只遇到过几次。基本上都是因为某位或某几位演讲人临时出状况来不了，譬如说遇到恶劣天气，机场大面积延误或者关闭；当然也有莫名放鸽子的；还有就是前面的演讲人的演讲时长比预计的短，这种多见于小型沙龙，给每个演讲人分配的时间过长，有些演讲人的内容填不满。

按理说，会议提前结束就像老师提前放学一样，是件所有人都高兴的事儿。但是，有时候因为种种原因，会议必须要撑足时间才好。譬如会议结束后主办方有安排晚宴或其他活动，本来计划好的中间间隔半个多小时，大家聊聊天换换名片，节奏刚刚好，现在变成了一个半小时，很多人不愿意等待就流失了，谁也不想办个晚宴人比桌子还少吧？或者是压轴或大轴还有重要演讲人的演讲，或者艺人出席，但人家那位大大算好了时间才过来，这会儿还在路上，那么就需

要前面的几个人多拖一点时间，不然会议就开天窗了。小型的沙龙可能只有两三个演讲人，如果其中一两个演讲人的内容又水，时间又短，主办方肯定会要求其他人多讲一些，把会议撑得比较丰满，增加观众的满意度，不然观众会觉得白来了一趟。再或者是后台出了问题，譬如会议环节的最后有签约仪式或者产品展示一类的环节，而这些环节临时出了状况，譬如说设备没有运到或者发生损坏需要维修等，这种情况下也需要前台来拖一点时间。

发生以上这些情况，会议主办方一般会寻找一些关系比较好，演讲经验比较丰富的演讲人，私底下商量，要求他们多讲几分钟。因为我比较擅长控场和控制时间，所以找到我的场合特别多。

接到这种要求之后，首先要评估一下，这种注水会不会对你的演讲品质造成严重的影响。一般来说，在演讲中注水十分之

一，观众感觉不到，注水五分之一算是比较合理，注水四分之一就会对演讲品质有明显影响了，就算是在极限状况下，注水也绝对不要超过三分之一。所以，当会议主办方提出要求的时候，如果不在合理范围内，一定要讨价还价。因为会议的效果好不好，是对方的成绩，而你的演讲效果好不好，是你自己的信誉，虽然作为嘉宾应该尽力配合主办方，但是也要考虑自己的声誉。

确定了需要注水的时长，应该马上打开PPT，研究一下哪里能注水。之前演讲准备过程中，删掉的页面和内容都可以找回来了，如果有时间，能够加一两页PPT当然最好，如果没有时间也可以不加，只要在演讲的时候增加内容就行。

最好的注水手段就是多说几个例子，多抓几个现卦，这些方法前面都有讲，这里就不重复了。

上台之后，可以说明一下原因，譬如说，某某演讲人的飞机返航了，某某明星堵在路上等，调侃几句。讲的时候，整个演讲的语速要略微放慢一点，有时候仅仅是这样一个简单的做法，就能撑出将近十分之一的时间来。

如果这样还是凑不够时间，可以考虑和台下互动，但是大型和特大型的会议不建议这样做。如果主办方原本有抽奖环节，可以和主办方商量一下，把单纯的抽奖改为互动抽奖，譬如让台下观众提问，你回答，提问的人有奖励，这样会避免无人互动的尴尬，也会比单纯抽奖多占用更多时间。

也可以和主持人商量好，两个人做几分钟的采访式互动，从单口相声变成对口相声。但是请注意，使用这种方法，两个人的配合一定要默契，而且时间不能太长，三五分钟最为合适。

5/4

互动无人应和怎么办

我们经常会看到一些所谓的励志大师、营销大师的演讲，话术十分高超，让观众做什么观众就做什么，一起狂飙英语也好，上台来连滚带爬带下跪也好，几乎接近于群体性癫狂。这种场景和气功热时代的带功报告几乎有异曲同工之妙，都是利用人们的从众心理去对群体进行控制。

在正常的商务演讲当中，不需要也不应该使用这样的手段。大多数商业领域的演讲，观众受教育程度都比较高，也不容易受到这种话术的诱惑。而且对于正规的商务演讲来说，加入这种话术进行互动也毫无意义。这种话术通常都是有目的的，无外乎对观众进行精神控制进而骗钱而已。

我一向主张在演讲过程中慎用互动。除非是会议流程中设置了互动环节。如果会议没有设置互动环节，且并没有为互动提供条件，例如有专门的助理人员拿着话筒递给提问观众等，就不要轻易互动，如果其他演讲人都没有互动，建议你也不要互动。

一般来说，演讲中的互动有两种，一种是流程当中就是演讲和互动相结合的，譬如说，一小时的演讲，演讲人讲40分钟，剩余时间是互动提问时间，这种互动我们可以称之为"记者会式互动"。另一种是没有相关环节设置，演讲人出于内容需要或者活跃气氛，自己在演讲当中加入的互动，譬如说我要讲手机游戏相关的话题，可以在演讲开始阶段，问台下观众："请问在座有多少人玩过手机游戏？请举手！"由大家的举手情况引出我下面要说的观点。这种互动我们可以称之为"课堂提问式互动"。

演讲时进行互动，最尴尬的情况就是无人应和，针对以上两种不同的互动，有不同的解决办法。

① 记者会式互动

"记者会式互动"在发布会、讲座、座谈会和校园招聘等演讲场合非常常见，很考验演讲人的控场能力。如果遇到台下无人应和的情况，你首先要用启发的方式诱导大家进行提问。

"大家有什么问题吗？"这样平铺直叙的提问是起不到诱导作用的。

"我刚才讲到免费玩家应该感谢大R玩家的时候，台下一片窃窃私语，是不是有人不认可这种说法？台下有没有免费玩家站出来表示不服？"——把演讲内容当中最尖锐、最容易引起争议的观点抛出来，诱发观众的表达欲望，是很好的诱导方式。

"我说端游已死，有事烧纸，台下有很多人好像不赞同，谁来说说你现在正在玩哪一款端游，你玩了多少年？现在每天玩几小时？刚开服的时候你一天玩几小时？这款端游是哪一年上线的？去年新上线的端游有那几款？"——既然观众不提问，那么你来提问，让观众站出来回答，只要他开口，无论是问句还是不是问句，你都可以接下去自说自话了。

如果这时候还是没有人应和，应该留意观察台下观众的表情和动作，如果有人有想要举手的动作；或者用手抚摸下巴，似乎想要说点什么但又犹豫着不敢开口；再或者和旁边的人交头接耳……这些都说明这个人已经有了表达的欲望，这时候应该注视着这个人，用目光鼓励他。如果他跟你对视之后，没有移开视线，也没有举手发言，可以直接点名，"那位同学似乎有什么想法，能分享给大家听听吗？"通常这时候对方不会拒绝。如果对方拒绝站起来发表意见，你可以说："哦！你还没想好？没关系，慢慢想。"自己给自己一个台阶下。

类似这种"记者会式互动"场合，如果特别担心无人应和，可以安排一些托儿，事先设计好提问的问题。托儿可以是其他演讲者、主办方的熟人、朋友，他提出的问题要经过事先的设计，可以是有较大争议性和趣味性的问题，这样互动效果会很好；也可以是特别小白的问题，这样更能起到抛砖引玉的作用。

如果事先没有安排托儿，也没人应和的情况下，还可以自问自答，抛出一个和自己演讲观点相反的，但是多数人认可的观点，或者常见的观点，然后批驳这个观点即可。用词要狠，要有力度，就像是你代表观众对你自己提问一样。

譬如："有人说为什么手游不重视剧情呢？做一个以剧情为卖点的手游会不会大卖呢？我可以很明确地告诉你，不会！因为手游是快餐型产品，就像麦当劳肯德基不会给你提供盘子一样，他可以宣传他的快餐配方出自米其林三星大厨之手，但是绝不会给你提供餐具，更不用想会提供刀叉和餐巾了。"

② 课堂提问式互动

"课堂提问式互动"比较常见，在大部分演讲当中都有可能发生。如果使用得当，能够拉近演讲人和观众的关系，增进观众对演讲人的好感度，同时也能活跃现场气氛，调动观众的注意力。

使用"课堂提问式互动"，一定要了解一个原则，那就是公众是懒惰的。譬如你问："在座有多少人有孩子了？"可能会有一部分人举手；然后你再问："在座有多少人还没有孩子？"又有一部分人举手；这两部分人相加，通常会少于观众总数。也就是说，还有一部分人两次都没举手，这部分人不是不知道自己应该算哪边，他们只是不想举手，或者根本没有在听，换句话说，他们是懒人。一场演讲的一次"课堂提问式互动"当中，这种"懒人"的比例有多高呢？这和你的互动问题是否有趣以及和演讲主题是否相关有关系，如果大部分人觉得你的问题很傻，"懒人"的比例会很高，换句话说，会举手的人只是觉得你很尴尬，可怜你罢了。

如果你的问题更傻一点，你有可能沦落到完全无人应和的境地。还是举之前举过的那个例子，在"国际体验设计大会"上穿短裤的某UE总监，他在那场著名的失败演讲当中有很多次"课堂提问式互动"，但效果都不好，例如：

"在座的有很多视觉设计师，举个手吧！让我也看一看。"——这是一场专业的高规格的体验设计大会，观众大部分都是这个领域的精英，这种校招式的互动对观众很不尊重，自然也没有人应和。而且这个问题和他下面要讲的内容没有任何关系，完全没有必要。

"（挥手）让我听一下声音，3000人就不说话了吗？3个人的时候就有反馈啊。"——先说他这句话的客观内容，居然是完全正确的，观众人数越多，互动难度越大，越需要你的气场强大。而你的气场是由你的行业地位、知名度、舞台经验和演讲水平等诸多因素共同构成的。更重要的一点是，人少的时候可能有人会因为可怜你而去应和你，而人多的时候，"群体漠视"就出现了，大家忙着在脑内打出"白痴"的弹幕呢，谁会理你啊！当然，这句话作为"课堂提问式互动"应用在这场演讲的语境中那就是完全错误的了，这句话中的负面情绪和贬低意义虽然没有那么明显，但还是有点指责的意思，会让观众觉得不舒服，一下子得罪了3000人，这个地图炮可真是不小呢！

要想让"课堂提问式互动"不冷场，首先要设计好问题，前面讲了"懒人"效应，总有一部分人是"懒人"，不管你从哪方面问问题，他们都不会举手，而且"懒人"的比例有时候会很高，那么，你的提问就要从大多人都会举手的那一方面去问，这样才能避免一个人都不举手的尴尬。譬如老师问："没写作业的同学请举手！"很可能没有一个人举手，因为大部分学生都会按时完成作业，少数没写作业的学生可能不敢举手。而如果问题换成："作业已经写完的同学请举手！"大部分人都会举手。写完作业的人当中，有可能有"懒人"没有举手，但是只是少数人，场面上还是非常好看的。

如果你的问题不是要求观众举手，而是要求观众回答的，答案应该尽量简短，最好是"是"或者"不是"，一个单词或者一个人名这种也可以。这样便于观众回答，大家的答案也容易一致，会形成和声，场面就会热闹很多。

如果确实没人回答，也不要像某UE总监那样不断诱导，"这个问题有点难哦！""大点声，让我听到！"正确地消除尴尬的方式就是迅速结束尴尬。你可以假装有人回答了，你假装听到了。"很好，那边的同学说对了，答案就是某某某！"只要你很认真自信地说出这样的话，观众就会认为确实有人回答了，一点都不会怀疑。

最后再次强调一下小礼品这个手段，确实，我们可以用小礼品去鼓励互动，但是一定要注意场合。听众以学生为主的场合，送小礼品没有问题；偏重娱乐的场合，例如电影首映礼，送有纪念意义的小礼品也没有问题；偏重商务和学术的场合，则不适合送小礼品，除非你的小礼品是和主题非常相关，并且具有收藏价值，且大部分观众认可这个价值才可以。

6/4

怎样应对尖锐的提问

无论是普通演讲当中的互动，还是讲标过程中甲方的提问，抑或记者群访，都不可避免地要面对各种提问，这样难免会有很尖锐的问题，这可能是新手演讲者最担心的场面了，但是嘴长在人家身上，咱们不能阻止人家提问，就只能兵来将挡，水来土掩了。

因为这种提问具有巨大的不可控性，所以我们事先能做的准备工作不多。如果是记者群访，还可以让记者提前提交问题，如果是其他场合，我们只能预估出可能会有哪些尖锐的问题，并事先准备好答案，并进行一定的演练。

比起预测问题，更关键的是我们事先一定要搞清楚，什么话能说，什么话不能说。譬如在公司上市缄默期，大部分涉及业务的问题都不能说；涉及到公司的诉讼案，在判决下来之前，原则上也不能说；公司的重大负面资讯，也不方便在公开场合进行讨论；其他如涉及对他人的负面评价、丑闻、隐私

等，都是不适合说的内容，一旦有人问起，心里要马上亮起红灯。当然，这类问题只要有人问出来，还是要回答的，但是回答要有技巧，要让大部分观众觉得应对得体，但又什么都没说。

一般来说，提出这种尖锐的难以回答的问题的人，不是情商太低，就是怀有恶意，如果能在得体回答之余，连消带打回击对方，那就更好了。

① 千万不可失态

面对尖锐的问题，首先要做到的就是不能失态。

据说相声圈有一对不和的师徒，有一次，徒弟在某学校讲座，被台下小孩子问到

怎么评价师父，结果这位徒弟怒摔话筒，愤然离场。这就有点没情商了。这位大小是个公众人物，应该能够想到师徒不合这种八卦在十年八年之内都是热门话题，不断会有人问起，事先就应该准备好三五套说辞，正式的场合怎么说，相声圈子里怎么说，媒体问起怎么说，粉丝问起怎么说……这些都是要提前备在那儿的，只要有人问，随时都能取出来，噔噔噔噔，口若悬河，兵来将挡才是。而且，作为相声演员，应对还要幽默风趣，这样才算合格。

即使对方提出的尖锐问题远远超出了你的下限，让你愤怒、委屈，但人在台上，众目睽睽，是绝对不能逃跑的，也不能采用语言或肢体攻击，更不能一言不发或情绪崩溃。语言，是你抵抗对方的唯一武器；冷静优雅，是你抵抗对方唯一的铠甲。想想雍正帝被诬陷"谋父、逼母、弑兄、屠弟、贪财、好杀、酗酒、淫色、诛忠、好谀、奸佞"的时候，人家洋洋洒洒写下一篇《大义觉迷录》的定力。

② 防御式

稳定住情绪之后，总要开口说话的，你一直不说话，就一直下不来台。对于没有太多舞台经验的人来说，我最为推荐的就是"防御式"豪华全家桶。

"不好意思，这个问题我无法回答你。"简称"无可奉告"。

"我觉得这个问题不应该由我来回答。"简称"关我P事"。

"这个问题和我们今天的主题无关。"简称"关你P事"。

"你说的这个事情我不清楚，等我下来了解一下再答复你。"简称"还有这事？"

有了这四句外交金句，可以说走遍天下都不怕。这种应对方式非常简单，以不变应万变，一句话就把门堵上了，是非常适合新手使用的技法。如果对方还继续提问纠缠，就从其他三句话当中再选一句说。这是"防御式"的进阶技巧——"答非所问式"。

"传闻贵公司去年年底大规模裁员，请问是真的吗？原因是什么？"

"我们公司一直秉承着为玩家提供最优娱乐体验的宗旨，致力于在全球市场开发和运营自有知识产权的手机游戏，未来我们将继续全球化的道路，将我们的产品推向更广阔的市场。"

你看，这就是"答非所问式"了，回答和提问没有关系，但是这个回答冠冕堂皇，你挑不出错来。而且你的回答越长，观众越容易忘掉问题是什么，你的回答得到的认可度也就越高。

③ 反问式

如果不满足于"防御式"的低攻击力，可以尝试使用"反问式"，举个例子：

"哪条国际法禁止中国在自己拥有主权的岛礁上进行合理建设？哪条国际法允许一国舰机对其他国家岛礁进行抵近侦察？哪条国际法允许一国以航行自由为名损害其他国家主权和正当合法权益？我们反对对国际法进行随意曲解，这样做如果个不是'双重标准'，只能是另有所图。"这段话是外交部发言人华春莹针对外媒质疑南海岛礁建设时的回答。

这一技巧可以使用反问，也可以使用设问，但是不适合使用疑问。

"你觉得这个问题应该怎么回答呢？"一定要避免这种开放式的疑问句，这样等于是把球传到了对方脚下，对方恶意地提出问题，本来就是想宣扬自己的观点，打击你的观点，你不能给他这个机会。所以，要么设问，先问问题，然后自问自答，表明态度。或者反问，根本不需要对方回答。如果一定要用疑问，可以选择有简单明确标准答案的问题，而不是上面举出的那种开放式问题。

例如："市场上哪一款手机和我们的产品同等配置，但是价格更低，有吗？"

这种问题，对方只能回答某个手机的品牌，而且通常对方是答不上来的。当然，这里最好还是在后面加上自己的回答，让它变成设问：

"市场上哪一款手机和我们的产品同等配置，但是价格更低，有吗？我告诉你，没有！我们做过海量的调研，市场上没有一款手机能做到我们这样物美价廉。"

使用"反问式"一定要注意，词锋不要太犀利，不要太过有攻击性，不要让观众觉得你盛气凌人，那样观众反而会把同情分给了挑事儿的提问者。

④ 顾左右而言他式

这个技巧和前面说的"答非所问"不同，"答非所问"的回答和问题扯不上关系，原则上一套回答的说辞可以应对所有的提问。而"顾左右而言他式"则是有针对性的回答，答案和问题沾边，但又并不是正面回答问题。

"中国在历史上也曾经做过世界老大，并且还不止一百年。中国在历史上有过兴衰的经验和教训。今天，我们在不断告诫自己，要顺应和平、发展、合作的历史潮流，不断与时俱进，只有这样才能够保证国家的和平发展、长治久安。"

这段话看似平常，但是对照问题去看就很耐人寻味了，问题是"如何评价'美国将继续担任世界领导者，大概一百年'？"回答和问题并不太沾边，而是仅仅扣住了"一百年"这个关键词，守中有攻，绵里藏针。有没有从回答当中感受到"胡虏从来无百年,得逢圣祖再开天"的意味？

日本记者问："请问您对保钓人士烧毁日本国旗如何评价？"答："我们注意到此事，北京市环保部门已经对上述人士在北京市区焚烧垃圾，造成市区空气污染进行调查。按北京市有关焚烧垃圾的处理规定，可能会处以较高金额的罚款。我们建议并呼吁，以后不得随意焚烧此类垃圾，应在专门的垃圾处理场所处理这样的垃圾物品。"

这段不是真的，是网友杜撰的，但是深得"顾左右而言他式"技巧之三昧，属于一本正经胡说八道的类型。

使用"顾左右而言他式"技巧，要注意相关性，更要注意正确性。也就是用一个完全正确的答案，去回答一个有争议的问题，答案不能比问题更有争议，否则就等于自己给自己挖坑了。

7 / 4

最后一个出场怎么办

在一场大型的会议或者论坛上演讲，谁都不愿意做最后出场的那一个，这和演出当中人人争当压轴（倒数第二个出场）和大轴（最后一个出场）有很大不同。

究其原因，大抵是因为演出是需要买票的，如果没有特殊情况，观众都会看到散场，为了尽可能留住观众，会把最精彩的节目放在最后，因此，压轴和大轴也就成为了对表演技能的肯定，是一种荣耀，自然人人想争。

而大部分会议和沙龙都是不卖票的，演讲的排序和演出正相反，通常是声望地位比较高的人最先出场。而且很多情况下，最先讲话的领导和先演讲的嘉宾都会在讲完之后退场。到了结尾阶段，前三排都空空如也了，后面的观众自然也会因为种种原因纷纷提前离场，如果加上前面的演讲超时，有些观众要在会议结束之后赶飞机、赶火车，这种情况就更严重了。所以，最后一个演讲就成了最不受欢迎的一个排序。

除了整场会议最后一个出场最不受欢迎之外，如果是全天的会议，上午最后一个出场和下午第一个出场也是不太受欢迎的排序。因为通常这种会议都会安排自助午餐，中午散场之后大家一窝蜂涌到餐厅，排队的时间会比较长，有些人就会提前离开会场去用餐，所以上午最后一个人演讲人的观众最少。用餐之后，很多人都会休息一下，这一休息就容易过点儿，所以下午第一个讲也会遇到观众稀稀拉拉，在演讲过程中陆续入场的情况。

此外，在超级重量级嘉宾之后演讲，也是一个不太好的排位，一方面你的光芒会被前面的大神所遮盖，而另一方面你演讲的时间通常也就成了观众喝茶上厕所的时间。很多人喜欢把自己排在大神之前，因为听众们会因为要提前等待大神演讲而坐得比较满。记得有一次CGDC（中国游戏开发者大会），我的演讲刚好安排在暴雪某著名制作人的前面，我讲到最后三分之一的时候，报告厅中突然涌进来一群人，挤得都快卖吊票了。知名度的对比是如此明显，我心里多少还是有点不好受的，但是从另一方面看，听我演讲的人确实更多了，我演讲的观点和内容也传播得更广，这是实实在在的好处。

当然，会议主办方通常会尽量避免或者弱化会议快结束时离席的情况的发生。譬如，政府牵头的会议，如果大领导从头坐到尾，旁边那些演讲嘉宾自然不好意思提前离开。或者会议有抽奖，且大奖比较诱人，通常抽大奖的环节会安排在会议的最后，用奖品留人也是一种常见的方式，同时，会议主办方通常都会在开始的环节告知或展示一下奖品，让观众有所期待。

正因为有以上种种客观存在的事实，所以在各种会议的各位演讲人之间，不可避免地发生着排位大战。作为会议主办方，对于演讲人的排序与排位也需要反复斟酌。如果我代表公司演讲，涉及到公司的行业地位，我肯定是寸土必争，但如果是代表个人演讲，我倒是不会特别在意这些。七步也能成诗，巧妇也能为无米之炊，只要有才华，到哪儿都会发光。就算是最后一个出场，也可以转败为功。

① 如何对待离席的观众

其实我们每个人都曾有过在各种会议上提前离席的经历，应该很清楚离席的人的心理，如果不是因为特别紧急的事情，走之前都会犹豫一下，说不上什么原因，就是觉得"不太好"，这种犹豫十分明显，即使是台上的演讲人也可以观察得出来。当演讲人在用"WM大法"巡视全场的时候，如果注意到有人准备要走，譬如穿上外套，收拾东西，甚至已经欠身要站起来，这时候应该注视着这个人，并且讲一些抓人耳膜的出彩的内容，很可能你就能留住这个人。但是，当这个人已经站起来向外走了，你就不用努力了，这时候离席的人的心理是这样的：越引起关注，越要尽快逃离这个场合。

离席这种事情是会传染的，当一个人离开之后，很容易引发雪崩效应，一波一波的人陆续离开。这时候，你也可以说点什么阻止这种现象：

"我还有五分钟就讲完了，下面要讲的这个问题十分重要。"——这句话有可能导致离席的人走到最后排或者门口，站着听完这五分钟。

"时间不早了，感谢大家坚持到最后听我演讲，我也希望大家能再坚持一下，听我讲完，谢谢大家！"——拉近和观众的关系，从情感上加重离席者的歉疚感。

"我看到有些人走了，是不是我讲的太无趣了？下面我就讲点儿有趣的。"——勾起观众的好奇心，让他们对你接下来的内容充满期待。

② 弄清楚讲给谁听

有时候，我们最后一个上台，发现台下稀稀拉拉坐了不到一半人，前三排更是只有小猫两三只，领导和其他演讲人几乎都走光了。有的演讲者喜欢在这种情况下调侃几句，例如"轮到我上台了，人都走了，媒体的朋友请举手，让我看看谁还在？"这种话可以说，但最多一句，因为大家等到这个时候看你演讲，期待的是你有价值的内容，不是和你聊天调侃，所以，最后一个上台演讲，反而要尽量缩短时间，让内容的精华更浓缩。一定要闲话少说，书归正传。

有些人会觉得，最后一个出场，剩不下几个人了，讲起来也没劲头，糊弄糊弄算了，这种想法是不妥当的。还是那句话，演讲如演出，戏比天大，只要站在台上，哪怕台下只有一个人，也要认认真真地讲，这是一个演讲人基本的职业道德和职业素养。

任何会议，无论台下走了多少人，有一批人一定始终都在，那就是会议的主办方，而且主办方的领导通常会稳坐在前三排。这个人，就是你演讲最重要的听众。通常大型的会议和论坛，都是每年举办一次的，每次的主办方基本都相同。如果你的演讲非常精彩，主办方下次一定还会邀请你，并且会给你排一个更好的位置。因为主办这种会议和论坛，会议的内容越好，口碑也就越好，影响力也就越大，所以，主办方都希望让最精华的内容被最多的观众接收到，如果你讲得确实很好，主办方也会乐于把你推出来。

记得我有一次参加一个出版行业的会议，被安排在最后一个演讲，我虽然也出过几本书，但是我的职业经历和知名度都在游戏领域，这是一个受众群较小的垂直领域，和出版行业关系不大，而且我也是第一次和这个主办方合作，人家这么安排，自然有人家的道理，我也没有表示不满。到我上台的时候，不出所料，台下观众已经走了将近一半，但我很快镇住了场子，演讲过程中几乎没有人中途离开，演讲效果也很不错，我自我感觉比前面所有的演讲人讲得都好。我刚一下台，主办方的总经理就走过来握手，并且跟我道歉，说这次安排得不妥当，不应该把我安排在最后一个，并且欢迎我参加他们未来的类似活动……

认真的人总会受到赞誉，哪怕你是最后一个出场。

8/4

话筒出问题了怎么办

金嗓子周璇，体态轻盈，娇小有如香扇坠，到了台上一鞠躬，台下掌声雷动。周小姐等人静下来，朝台后的乐队一领首，音乐开始，只见她启伶牙，张俐齿，开始唱了。

不知为了什么，金嗓子忽然变成了蚊嗓子，任你如何地侧耳倾听，也听不清楚她在唱什么东西。于是台下一阵鼓噪，台上一片慌张，弄得司仪也不明所以，等他低头一看，才恍然大悟，原来话筒的线被拉断了。

最窘的还是周璇，唱又不是，不唱也不是，只得硬着头皮继续唱下去。观众们听歌变成了看歌，只见人张嘴，不闻声出来。

周璇不时地回头求救，熊校长急得满头大汗，叫人忙着接线。很多人到后台帮忙，人多手杂，越帮越忙，越忙越乱，一直到周璇唱完，接着是白虹唱了，那条线还没接好。

不过白虹小姐唱歌用的是真嗓子，不在乎有麦没有麦，第一声就响遏行云，还真吓了观众一跳，突然像由默片看到声片，如何不兴奋，满堂轰动地来了个碰头好，接下来也是句句有彩。

相形之下，周璇的金嗓子成了锡（细）嗓子，从此砍了招牌，令人如何不伤心？气得她在后台直跺脚，用手绢蒙脸，哇的一声哭了起来。

上面这段文字摘自导演李翰祥的回忆录《三十年细说从头》（又名《影海生涯》），非常生动形象地记叙了一次民国年间的舞台事故。大名鼎鼎的歌后金嗓子周璇舞台经验那么丰富，尚且对话筒失灵这种问题束手无措，何况那些演讲新人呢。

演讲的时候话筒出了问题，应该是最严重的演讲事故了，像是忘词、PPT无法播放等的严重程度完全无法与之相比。因为演讲、演讲，自然是要"讲"的，而话筒就是你说话的武器，失去了这个武器，你就等于是赤手空拳了。

如果是二三十人的小型沙龙还好办，可学习前面那个例子中白虹的做法，直接用真嗓子应付。从丹田发声，尽量让声音在胸腔产生共鸣，不要用嗓子声嘶力竭地喊，这样不仅效果好，而且还不伤害声带。如果观众数量比较多，那就非常麻烦，少数颇有天赋并且经过训练的人，可用真嗓音面对几百名观众进行演讲，但是大部分人根本做不到。

所以，如果是大型会议的话，通常会有比较充分的应急保障，更换话筒或者紧急检修，几分钟就能解决。遇到话筒突然失灵不要慌张，应该立即停止演讲，请求会议主办方处理，听主办方的安排。不到万不得已，不要轻易放弃话筒，用真嗓演讲。发现话筒有问题，千万不要自己坚持着继续，因为你不停止演讲，主办方可能会不好意思打断。

还有一种情况则更为麻烦，那就是话筒没完全坏，还能用，但是却有问题，譬如声音很小，断断续续，或者有滋啦滋啦的噪音，这些问题要比话筒完全失灵更为常见，而且更加影响演讲效果，对演讲人的干扰也很大，但是又不是短时间内能解决的。这种情况，我自己就遇到过好多次。

对付这一问题，首先要做到早发现，早解决，譬如在彩排和踩台的时候，就要密切注意话筒是否有问题。人在台上，有时候很难发现这种问题，彩排和踩台不比正式演讲，还可以通过观察观众反应去判断是否出了状况。所以，彩排和踩台的时候需要台下有个人帮你留意一下话筒效果。一旦发现有

问题，立即和主办方反映，争取在演讲开始之前解决，如果主办方说已经解决了，一定要再试一下进行确认。

如果到了真正演讲的时候，还是出现了类似问题怎么办？首先如果人数少且你对自己声音有自信，可以尝试放弃话筒，不过事先要跟观众沟通：

"话筒一直有问题，我不用话筒这样讲好不好？后排的同学能听到吗？……好，如果没问题的话，我就不用话筒了，请大家保持绝对的安静，会后有交流时间，大家有问题可以会后再提。"

不用话筒演讲，语速可以稍微放慢一些，咬字要更加清晰，重点内容可以适当重复一遍，以便大家能够听清楚。这时候，控场就显得分外重要，一旦发现有人发出噪音，一定要死死盯住那个人，直到他停止干扰为止。如果他一直不停止，也不需要你说点什么，只要你持续盯着他，会有正义的观众帮你制止他的。

如果观众人数太多，不得不使用这个有问题的话筒，怎么办？那就只能采取措施降低负面效果了。如果话筒声音很小，你就要放大音量，或者让话筒离嘴更近一些。如果话筒的效果断断续续，那么你就要重复一遍断掉的部分，如果话筒有噪音，很可能是其他电器设备的干扰，尝试着让话筒离手机、电脑、音箱或者控制器远一些，看看能不能减轻这种问题。

人生处处都有演讲

不同类型演讲的

专属技巧

只要是一个人面对一群人，进行有系统的发言，都叫演讲。从广义上说，演讲的种类特别多。前面讲的那些内容，都是针对常见的演讲泛泛而谈的，而不同种类的演讲，都具有一定的特殊性，有特别需要注意的方面，也有特别的技巧。

本章选取了一些职场当中最常见的演讲类型，一一进行深入分析。你即将面对的是哪种演讲，就来对号入座吧！

1/5

项目总结与项目汇报

大多数职场人士最经常接触到的演讲应该就是项目总结和项目汇报了吧？而且这类演讲也是一个人在职场生涯中最关键的一种演讲。

项目总结和项目汇报通常是这样的：在公司的会议室内，一端是投影幕布或者显示屏，长桌周围坐满了人，这些人当中可能会有你的直属上司，上司的上司，以及和你同级别的平行部门的人，也许还有你的下级，也许没有。人不会太多，十几个到几十个，你可能坐着讲，也可能站着讲。和其他演讲最大的不同地方，就是随时会有人打断你的演讲，提出问题。

总之，这是一场非常艰难的演讲，更是一场非常重要的演讲。在这场演讲当中你的表现和项目本身的业绩是乘法关系：如果你演讲水平是1，那就不加不减；如果演讲水平小于1，会对项目业绩减分；如果演讲水平极高，则能对项目业绩大大加分。

由于观众不多，所以每一个观众都很重要，职位越高的观众越重要。这时候你必须清醒地认识到：在通常状况下，职位越高的观众，越对你的项目一无所知。你的项目就像是你的孩子一样，你对它的每一个细节、每一步成长经历都了如指掌。但是，那些身在高位的人，甚至连"他是男孩还是女孩"都不清楚。所以在准备演讲内容的时候，一定要抛弃你对项目已经建立的熟悉感，想象你在对来自遥远非洲的酋长讲述你的项目，没有什么是他们应该知道的，没有什么是你不需要详细说明的，除非是行业常识及公司常识。总之一句话，你的演讲对象就是这些什么都不知道的"大人物"，一定要讲到让他们听明白。

但是，俯下身子掰开揉碎了去讲也不要做得太过，过犹不及，这样也不好。

之前我服务过的一家公司发生过这样一件事，那是一次人力资源部门的校园招聘工作总结。人力资源总监在台上洋洋洒洒讲了20分钟，内容全部是人力资源工作的意义，校园招聘工作的意义，以及应届生对公司的作用等泛泛而谈的内容，没有一个字是关于这次校园招聘的，而且PPT才只讲了3页。当时公司的CEO很不耐烦地打断了他的演讲，"我在这行业工作20多年了，之前每年校园招聘都跟着去，不需要你给我扫盲，你还有多少页PPT没讲？"人力资源总监表示还有十几页，CEO当时就说，"你可以下去了，我没有时间听这些废话。"

在这个例子中，人力资源总监犯了两个错误，其一是把公司的CEO当成了小白，讲了很多人力资源工作的常识，但是完全没有涉及到"校园招聘"这个项目本身。其次是没有掌握好时间，本末倒置。既然是校园招聘项目汇报，开宗明义，首先要说这次校园招聘从哪天到哪天？历时多长时间？去了几个城市的哪几个学校？行程多少公里？召开了多少次宣讲会？收到了多少简历？面试了多少人？签订了多少意向书？贴了多少海报？人力资源部门投入了多少人力？其他业务部门提供了哪些支援……这些最重要的基本数据说完了，如果还有时间，可以做一些表格，和去年校园招聘工作做个对比，去突出今年工作业绩比去年更好。同时要有一些宏观和拔高的数据，例如今年应届生就业市场的新变化等。最后的最后，如果还没超出规定时间，才可以科普一下校园招聘工作的意义之类的常识。这样反过来说，CEO就不会觉得你拿他当小白，就不会感觉到你在羞辱他了。

俗话说，无图无真相。项目汇报通常比较枯燥，而且PPT也不适合做得太过花哨。但是必要的配图还是要有的。你要说明这次校园招聘盛况空前，教室里挤满了人，都快卖吊票了，一张照片就能说明问题。项目赶工，整个团队加班多少多少小时，多少人彻夜不归，文字之余，加上一张员工钻睡袋躺在办公桌下面的照片，会更打动人心。你要想体现自己不居功不自傲，最好的方法就是在PPT最后放上一张团队合照，大家的笑脸会让别人觉得你领导力满分。

另外，项目汇报不可避免地要用到图表。图表做得精致美观，会让人觉得数据是可信的，图表做得越复杂，越会让人觉得项目高精尖。关于图表，要特别注意的一点就是：要有图表，但是不能依赖图表。最忌讳的是一张PPT上只放一个图表，其他什么内容都没有。领导们通常没有你那么强的专业知识，不一定看得懂这些图表，就算能看懂，可能也不耐烦去看，所以你必须在每一张图表旁边配上一些文字，作为中心思想总结，讲清楚你这张图表要表达的是什么。或者反过来看，这些文字是你的论点，而图表只是论据而已。

说完了内容准备，再说说演讲时要注意的问题。

很多公司的会议室使用的都是投影幕布，清晰度比较低，亮度也比较低。而领导们通常坐在离幕布最远的位置上。而且，既然是领导嘛，岁数通常不小了，视力一般不太好，所以……你应该懂的，字要大，字要大，字要大！重要的事情说三遍。而且文字和背景的颜色对比一定要强烈，一切都要保证领导能看清楚。这时候，内容辨识度要比美观度更重要！

项目总结的PPT在原则上不需要做动画、配声音，不要炫技，炫技会让人觉得你的心思没有用在正地方，似乎在隐瞒什么东西。唯一适合的动画效果可能就是"放大"，某些重要数据和内容，可以使用一个"放大"效果去强调，把观众的视线吸引过来，也能让观众看得更清楚。

此外，上了岁数的大领导通常听力也不会太好，而且有的小型会议室并没有扩音设备。那你演讲的声音就要大，要让领导毫不费力地听清楚。声音大还有一个好处就是显得自信，让人觉得你说出来的话是真实可信的，而且你为你的业绩感到自豪。语速不要太快，但要干净利落，不要支支吾吾。

一旦用到图表，就会出现这样的问题：那就是数据或逻辑会变得非常复杂，能写在表头和图例当中的文字有限，很多数据代表的意义含混不清。在很多情况下，这是没办法的事情，我们又要在一页PPT上完整地呈现图表，又要文字能让最远的观众看清楚，还要照顾到美观，所以不可能塞进去太多内容。这样一来，就会不可避免地遇到观众的提问了。

项目总结类的演讲，最大的特点就是每个人都可以打断你的演讲进行提问，而且你不能不回答。更过分的是，你很可能会遇到一些恶意的问题，总有人故意找茬或者挑毛病，让你下不来台。

遇到这种情况应该怎么办呢？首先你要保证PPT上的内容你完全熟悉，任何人抓住一个细节深入问下去，你都能对答如流。最忌讳的就是PPT不是你自己写的，有人问："表头这个'收入'是毛收入还是净收入啊？"你答不上来，这就尴尬了。或者有人问几个数据的逻辑关系，你说不清楚，也很没面子。一旦遇到类似问题，千万不能表露出这些都是你下属做的，你完全不知情，这会让人怀疑你的领导能力，进而怀疑这个项目根本就不是由你主导的。所以，在进行演讲之前，一定要针对每个细节做全方位的演练，保证任何人都问不住你。

退一步说，万一遇到无法回答的问题怎么办？如果你知道答案，只是不确定，就一定要迅速而坚定地说出来，就算是错了也没关系，偶尔记错关键数据毕竟难免，大家都可以理解。如果你不知道答案，但是这个内容不重要，你可以实话实说，这不是项目的关键内容，你需要回去查一下；或者说，相关数据正在整理当中，稍后会发邮件给与会者。如果是很重要的问题，你又回答不上来，可以用目光求助观众，求助的对象只有两种人：一是你的直属上司，二是你的下属。因为这两种人在这个项目上和你的利益是一致的，是你一个战壕里的战友。你的上司可能也不知道答案，但是他可以说两句话帮你圆场下台，翻过这一篇儿。如果你的某个下属是负责这一块的，你确定他知道答案，可以通过目光和他交流之后，直接点名让他来回答。在他回答之前，要隆重而正式地介绍一下这位下属，这样做会给所有人留下良好的印象，看上去不像是你因为答不出问题而求助下属，更像是你在提携下属，让他露脸。

项目汇报和项目总结类的演讲，和其他演讲还有一个区别，那就是不要在一开始做自我介绍，公司既然安排你演讲，每个人基本上都知道你是谁，是哪个部门的，以及你在项目中的地位和作用，一开始就做自我介绍会显得很生分而尴尬，拉远你和观众之间的关系，应该尽快进入主题，自我介绍可以放在最后，而且要根据情况拿捏。

如果演讲一切顺利，领导们都很满意，可以自己吹一波，或者表表忠心，但是吹个人的同时一定要带上团队，如果有下属在场，可以一一介绍一下下属，请他们站起来让大家认识。同时也可以拔高一下这个项目对于公司和行业的重要意义。但是这一切都不要太长，尽量简短，点到为止，太长则会消耗之前建立起来的好感度。如果演讲效果不好，甚至项目本身就不是很成功，这时候就不要多说话了，说些"感谢领导支持，感谢团队贡献，今后会更加努力……"之类的场面话的话就可以结束了。

2 / 5

年度工作总结

年度总结和项目总结有一定的相似之处，都是在公司内部的演讲。但是年度总结有可能听众会比较多，譬如在全体员工大会上进行总结，因此，这种总结除了表功之外，还有一定的激励和动员作用。你代表你所在的部门，向公司所有人彰显你们部门的重要性，它不像项目总结和项目汇报那么务实和接地气，必要的拔高一定要有，这一点不可不知。

此外，年度总结和项目总结的不同之处还在于，年度总结更宏观，不局限于一个项目，离技术更远而离钱更近。这里所说的"离钱更近"包括几层含义：其一是你为公司赚了多少钱？或者是你为公司省了多少钱？做到这一切你又花了多少钱？其二是年度工作总结通常和你部门下一阶段的预算和人员规模相关；其三是年度工作总结通常和你以及你的下属的绩效相关，进而关系到奖金、升职、加薪等一系列和钱有关的问题。

年度总结涉及到你所在部门的全年工作内容。在整理内容之前，可以先梳理一下全年的邮件，这有助于帮助你回忆起一些你早已遗忘的"功绩"，因为有些工作对公司的意义巨大，但是做起来不难，有可能你已经记不清了。把所有的工作内容都梳理出来，按照时间顺序或者重要性顺序排排序。对于有些部门来说，年度总结可以用"编月体"来写，譬如说公关部门、行政人事部门等，工作内容更加日常和琐碎，单项工作体量偏小，很少有跨越数月的大项目，所以比较适合一个月做一两页PPT，这样显得清楚整齐。而有些部门可能一年只做一两个大项目，这就比较适合"纪传体"，按照项目重要性排序，大项目放前面，小项目放后面，更小的项目合并到一页上面一起说。

无论是"编月体"写法还是"纪传体"的写法，最后都需要数据总结。这样可以从宏观角度去审视这一年的得失成败，之前的内容是破碎的、具体的，而数据总结则是提纲挈领式的。数据总结分为两方面，一方面是你消耗了多少资源；另一方面则是你为公司做出了多少贡献。

先说说消耗资源部分。

所谓资源，无外乎人、钱、时间。人就是你们部门有多少人？以及你们部门在完成全年任务过程中，额外消耗了多少其他部门的人力支持？钱很简单，就是花了多少预算；对于年度总结来说，时间其实是既定的，反正要说的就是这一年，如果你有项目是提前完成的，可以单拎出来表表功，如果没有，这一条可以忽略。这三条里面，最重要的当然是钱。

一般来说，消耗资源毕竟带有一点点负面性质，应该少说，并且应该先说。因为心理学上有所谓的"近因效应"，你演讲结尾部分的内容，会很大程度上影响观众对它的观感和记忆。所以，相对负面的内容要放在前面说。

当然，不同部门有不同部门的特色，有些部门就是消耗资源的部门，譬如采购部门和投资部门，且花钱越多，越证明你们部门干活儿了，你只要证明你会花钱，花得值即可。而对于大多数部门来说，少消耗资源才是你对公司的贡献，才能彰显你的领导力和对项目的控制能力。所以，你要证明你花了小钱，办了大事。那么怎么证明呢？当然要用对比的方法。在你们公司的竞争对手当中，选择一家公司的同样部门或者同类型的项目，就可以开始对比了："你看我用人比他少，预算比他省，时间比他快，我是不是很了不起呢？"这个对标部门其实很好找，因为任何公司的竞争对手都不只一家，找一个各方面都比你们部门差的不难。如果你的业绩确实领先行业，卓然不群，也可以来个穷举法，把业内所有的类似项目都列出来，让大家看看你是不是当之无愧的天下第一。这种实实在在的数据几乎是无可反驳的铁证实锤，是最容易取信于观众的。

下面来说说贡献部分。

首先要来盘点一下，你们部门全年共做了多少个项目，其中超大型项目多少个，中小型项目多少个，项目大小的划分维度可以是投入的资金、人力或者时间。这种数据的总结，更有利于让观众通盘了解你部门的规模以及对公司所做的贡献程度。

再来，还是钱。一般来说，部门对公司做出的贡献，主要是通过挣到多少钱来量化的，次要的还有品牌价值等一类比较虚的东西。在公司内部，有些支持部门是不挣钱的，譬如人事部、行政部、财务部、法务部、公关部等，这时候怎么体现自己的价值呢？那就说说为公司省了多少钱呗！财务为公司节省了多少税收；法务打赢了哪些知识产权官司；公关拿下了哪些政府扶持资金等；就算是行政，也可以说开办了员工食堂，取消了午餐补贴之后的结余。总之尽量让自己离钱近一点，如果不行，就要说说间接帮公司省了多少钱，例如市场部策划了一个活动，引来了大量"自来水"，在社交网络上形成了爆发式的自传播，相当于找了多少个单价10万的大V发帖子。总之一句话，就是要把你的业绩用钱去量化出来。

年度工作总结一般是按照部门去划分的，在最后，有必要介绍一下自己的部门，部门内部的组织结构，以及每个业务模块的负责人。介绍的时候，可以幽默风趣一点，为每个人下个定义或者取个外号，一方面表现了你和下属打成一片，另一方面也彰显了你们部门充满活力和凝聚力。

最后，肯定是要回顾过去，展望未来，喊喊口号，表表决心，这时候可以慷慨激昂，也可以温婉煽情。比喻也是一个非常适合的手法，譬如销售部可以说说整个部门的飞行里程，用一个可以绕地球多少圈的比喻，就会产生很震撼的效果。此外，结尾阶段还可以感谢一下兄弟部门的支持，这也是赚取好感度的一个方法。

3/5

推销

在商业领域，推销是很重要的一个环节，只有通过推销，你才能获得……钱，就是这么直白。

这里所说的推销，包含了很多层次的内容：基本上你拿着一个PPT、宣传册或者视频，给另一伙人看，并且滔滔不绝地描述着你要卖给他们的东西，最终打动他们，让他们付钱，这就是推销。推销类演讲包括一般性质的产品销售、讲标等，总之你是乙方，你想让甲方使用你的产品或者服务，并且给你钱，都算是推销。

简单的推销，一对一的情况居多，但是复杂的推销，尤其是涉及到重大项目和巨额资金的推销，一对多和多对多的情况居多。在多对多的情况下，我方团队总有一个人作为主要讲述者，这个人就是推销过程当中的演讲者。

要想顺利把你的产品或服务推销出去，首先需要摸清楚对方的底细。会议都有谁参加？每个人的职位是什么？具体到你这个项目，谁是最终拍板的人？谁是最有专业判断力的人？我们可以把最终拍板的人称为"BOSS"，把具备专业判断力且能影响到"BOSS"决策的人称为"专家"。一般来说，"BOSS"只有一个，"专家"可能不止一个，搞定这两类人，基本上就可以完美地完成这次推销演讲了。

所以说，搞清楚对方的与会者当中，谁是"BOSS"，谁是"专家"很重要。事先要尽量拿到对方与会人员的名单，能包含职位就最好了，接下来要在互联网上做一番搜索的功课。大部分公司的高层人员，基本上都能在网上找到不少公开资讯，再来找找他们的社交网络账号，微博、微信等，看一看他们公开发布的内容，基本上就能迅速了解这个人了。然后把搜集到的资料整理出来，包括每个人的简历、家庭背景、嗜好等。再排排序，看看谁最有可能是"BOSS"，谁最有可能是"专家"。要注意有时候并不是职位最高的人就是"BOSS"，针对某一个具体项目，有可能并不是职位最高的人具有最终决策权。总之，按照"BOSS"的可能性和"专家"的可能性，从高到低排成两个表格，盯紧每个表格的前三名就够了。事实上，两个表格的前三名可能有很大重复，所以并没有太多人需要你紧盯。

再来，还有一个很关键的人，就是"接口人"，也就是把你们公司或你们公司的产品引入到对方公司的那个人，或者说，是对方公司当中最先接洽这次推销的那个人。是这个人把你们公司介绍到他们公司去的，他的内心更加希望这一单生意能够成功，因为这也是他的业绩，成功的话他面上有光。所以说，这个人是对方阵营当中唯一一个半只脚踩在你们这边的人，也是推销当中的关键人物之一。

一般来说，重要的推销都要有一个团队参与。主讲人必不可少，另外还有可能会有业务方面的专家，负责记录的辅助人员等。不管这些人实际承担什么职责，在推销过程当中，都要有针对推销的分工。除了主讲人之外，每个人要盯住一到两个"BOSS"或者"专家"，记录他们的每一句话，还要记录他们的反应和动作，主讲人讲到哪里的时候，他们的表情、姿态会发生变化，什么时候他们在记录，什么时候他们又在分心看手机或者回邮件？因为一个重大推销项目的达成，通常不止一次会谈，这些细节可以为后续的工作提供最客观的决策依据。

主讲人自己也要观察这几个核心人物的表情及动作的变化，尤其是在一部分内容告一段落的时候，应该用目光征询对方的意见，同时观察对方的反应。如果发现对方眉头紧锁，似乎在思考，这有可能是没有听明白或者不认同，应该再补充几句，进行解释说明；如果对方身体后倾，闭目养神，有可能是对你正在讲的这段没有兴趣，应该尽快跳过，进入下一阶段的内容；如果对方身体前倾，频频点头，代表了感兴趣和赞同，可以继续深入发挥。如果对方双手搭在一起，呈尖塔形，或者手放在唇边，则代表你的话触动了他的关键点、利益点或者底线，要根据当时的内容随机应变……

尊重对方的直接意见，这是成功推销的关键点。在推销演讲过程中，最容易犯的错误就是始终按照自己的思路讲，不知道随机应变。

譬如发布会设计方案讲标的场合，对方的"专家"说："主视觉不要用红色，我们老板不喜欢红色。"你就应该马上说："好的，我们还有方案二，是以蓝色为主色调的。"或者"这个只是设计方向，颜色随时可以修改。"而不是去解释这个设计"红色象征着热情洋溢，象征着青春活力，我觉得非常适合我们这次发布会的主题……"别笑，真的有很多人这么说，这在实际工作中非常常见。

我见过最极端的情况是这样的，甲方打

断了乙方的陈述：

"这块不用讲了，跳过说下一部分吧。"从语气来看，甲方并没有否定乙方的意思，只是觉得自己已经了解了，不要浪费时间。乙方主讲人却脱口而出："我还没讲完呢！"甲方继续说："不用讲了，这块儿我听懂了。"乙方居然又说："我还有好多内容没讲呢，你先听我说完！"情商之低，令人发指。

除了这种打断之外，更难应付的就是提问了。应对甲方的提问，要做好充分准备，前面两节的相关内容可以作为参考。作为推销来说，面对提问，有一个天然的优势，那就是：对方是外人，他们对你的公司和产品都不甚了解，所以，必要的时候你可以适当地"信口开河"，不会遇到被对方拆穿的尴尬。不管怎么说，面对提问必须对答如流，这是最基本的表现。有答案说答案，没有答案创造答案也要说答案。如果遇到自己确实难以回答的问题，可以让自己方面的"专家"代为回答。

对于推销来说，更为艰难的情况则是，有的问题不是不知道答案，而是有好几个答案，不知道回答哪个答案才更能让对方满意。这时候，可以求助于"接口人"。首先用视线和"接口人"交流一下，看看他什么反应，如果对方没有发出强烈的拒绝信号，就可以说："这个问题，我之前也和某总监沟通过……"看看对方会不会接，如果对方不接，自己再继续说，如果对方接了，就可以从对方的话语中获得一些蛛丝马迹，判断自己接下来该怎么说。

对比项目总结和工作总结，推销是一种更需要随机应变的演讲，要不断地根据对方的反应、现场的气氛去调整演讲的内容。

还有一点要注意的是，我们可能一年到头都在推销同一款产品或同样的服务，那一套说辞已经滚瓜烂熟，我们经常会看到一些低端的推销人员，譬如保险业务员，只要一开口就停不下来，那一套熟极而流的话术让你根本插不上嘴。但是，高端的、有品质的推销不应该是这样的。每一次推销都应该是新的，我们应该根据对方公司的实际情况，对PPT做出调整，删除一些对方可能不感兴趣的内容，增加一些专门为对方设计的内容，尤其是那种适合对方风格偏好的，或者和对方其他业务线能够关联整合的内容。也许这些内容并不重要，但是这些内容反映出来的诚意能够让对方感觉到。同理，如果有第二轮推销，将第一轮时对方的意见全部采纳，也是博取好感的一种好方法。

融资

融资是一种特殊的推销，你推销的商品是你自己和你的公司，获取的则是资本。

这里所说的融资演讲，指的是你和你的合伙人，与一家投资公司的团队展开洽谈，你希望对方将一笔资金投入到你的公司或项目当中。

除了推销应该注意的一切之外，融资还要更加知己知彼才行。因为一种商品或服务可能有很多买家，而一家公司的每一轮融资通常只有一个或几个投资方。也就是说，推销是把一种商品或服务卖N多次，而融资是在某个阶段内你把你自己的公司卖给一个或一组投资方。如果有很多投资方都想投资，你就要在他们之中做出选择，从这个意义上说，融资是介于推销和嫁娶之间的一种状态，你有更大的选择权，而你的选择对你公司的生死也具有更大意义。所以，你要更了解投资方，才能在挑选的时候做出正确的决策。

了解投资方的方法很简单，大部分投资方都有大量的公开资讯可以查找到。在做融资洽谈之前，至少要花一天的时间了解这家投资方，除了上一节介绍的内容之外，重点应该放在以下几个方面：一是负面资讯。要知道他们的下限在哪里，确定你是否能够承受和容忍这样的下限。这是你挑选对方的重要依据。二是他们投资过最成功的项目是哪个。要知道，任何人都有守株待兔的心理，习惯于复制自己的成功，你要知道他们获得上一只兔子的"株"长什么样，你长得越接近这个"株"，就越容易获得好感。第三就是价格了，对方之前的投资案例都投了多少钱？占了多少比例，这对于你们要价也是一个重要参考。有了这些资讯，再去撰写融资洽谈用的计划书就可以有的放矢了。

一个聪明的求职者，会针对自己心仪的每一家公司撰写不同版本的简历，增加有针对性的内容，融资计划书也是一样。你需要在充分了解投资方的历史、偏好、过往案例、领导人观点等资讯之后，写出一份有针对性的融资计划书。所谓融资计划书，其实也是一个演讲PPT，需要注意的地方前面都讲过，这里说说一些特殊的地方。

融资的本质就是让别人出钱，成就自己的梦想。想要拿别人的钱，办自己的事儿，首先就要真诚。那么真诚怎么体现呢？很简单，在PPT里面贴上你们创始团队所有人的照片，写清楚所有人的名字和简要经历；写清楚公司是否已经注册，公司的注册名称和真实办公地址。就这么简单？是的，就这么简单，但是很多人都没做到。

我经常会面对这样的创业者，融资计划书写了几十页，和他也聊了几十分钟，我依然不知道这家公司叫什么？有几个创始人，分别都是做什么的？甚至我连这位创业者叫啥都不知道，因为他虽然黑头发黑眼睛黄皮肤，但是在他的融资计划书上，他的名字叫Jerry，他自称在腾讯、阿里、百度工作过，具体在哪个部门，做过什么职位不清楚，听口气和两位马先生都挺熟。项目有个英文名也就罢了，团队和公司还是个英文名，而且古怪到都不知道应该怎么拼，这就有点过了。中国公司法当然不允许公司注册名称是英文，所以我心中暗想，他应该是还没注册吧？我不知道他有几个合伙人，也不知道合伙人是不是叫Tom，融资计划书上写的是技术合伙人A，市场合伙人B……听他话里意思，A似乎在某个马老板手下任职，

"没关系，只要钱到了，他立刻辞职过来一起干！"这位创业者拍胸脯跟我保证。

面对这样的创业者，你让我拿什么来信任他？你就是去便利店买杯酸奶，也不希望看到收银员戴着帽子、墨镜、口罩和手套跟你说话吧？你就算雇个月嫂，自然也要看看她的身份证和健康证吧？为什么就有人认为自己把什么都藏起来还能融到几百上千万的投资呢？

还需要注意的是，在PPT的一开始，必须要有一页，用最简单的话，说明你要做什么，这很重要！有些人的融资计划书，会用几页PPT去说明这个问题，拉里拉杂说了半天，看的人还是云山雾罩，找不到重点。如果你不能用一句话说清楚你的创业方向，那就说明你没还想清楚。所以，你必须用一句话，一个页面，把这个问题解决掉，后面可以用几页来解释你为什么做这个方向，你有什么优势等等，这些融资计划书必备的内容，但是千万不能将这几块搅在一起说。

而且，融资计划书的写法一定是推销型的，而不是按照你的创业思路或创业历程来写，过程是你自己的事，应该藏起来，你拿给投资人看的，一定是一个完整的、成熟的想法，而不是看上去像个意识流的半成品。

像是事前演练，洽谈过程中的人盯人等，融资基本和推销差不多，惟一和推销不同的是要知道对方想要什么。换句话说，就是要站在投资人的立场上考虑问题。凡是投资，都是要获利的，你要为投资人想好怎样

退出，要了解投资人想要获得多大的利，以及想要多长时间内获利，你的公司发展规划要往这个方向靠，双方只有在钱的方面利益一致了，其他方面才能达成一致。

不要过多地去讲你感兴趣的东西：产品、技术、市场、销售……要多讲投资人感兴趣的东西：为什么这个项目有前途？为什么只有你能做这个项目？这个领域的发展空间有多大？请记住，你不是来科普和扫盲的，不要沉溺在你的项目细节中，投资人不需要了解这些，否则他自己去创业好了，何必投资你？譬如创业者滔滔不绝地叙述自己的产品设计，投资者打断他的话，"说说你们怎么赢利吧！"这就表示我不想继续听产品了，我已经听懂了且认可了，别耽误时间，说下面的内容吧！而很多创业者却认为自己的产品还没讲完啊！因此无视这个信号，继续讲下去，反而会让对方产生反感。事先自己评估一下，哪些内容是你希望投资人了解，但是投资人未必感兴趣的，把它们删掉，哪些内容是直接和获利相关的，且投资人想要听的，把它们加强。

最后说说价格。价格一旦确定，就不要更改，除非投资方提出另外的方案，譬如说增加出让比例的同时增加投资额度等。最忌讳的一点就是，你觉得对方看好你的项目，立刻坐地起价，出尔反尔。如果真的觉得要价要亏了，可以提出一些其他的附加条件作为补偿，譬如要求投资方提供流量和用户支持，提供办公场所等。

5/5

商务谈判

商务谈判和推销及融资不同，后两者都是一方要钱一方给钱，一般双方的地位不那么对等，当然也不排除那种供不应求的商品和人人都想投资参股的企业。而这里所说的商务谈判，双方是合作的关系，基本上是对等的，其实更有一种剑拔弩张、寸土必争的感觉。反正蛋糕就这么大，你多吃一口，我就少吃一口，火药味会更浓一些。

商务谈判通常也需要PPT，也就是己方的方案。这类PPT在内容上和其他PPT有很大不同。首先要简明扼要，文字要极其精炼，排版要简洁干净，装饰性配图一律不要。所有的内容都要经过反复推敲，保证没有任何歧义。同时尽量使用陈述句，少使用倒装句、反问句等，不要添加华丽的修辞，可以参考合同条文的行文方式。内容少而精，严谨严密，是商务谈判PPT最基本的要求。

此外，内容上最好不要有任何含糊其辞的地方，最好不要划定范围，而是有确定的

数值，也尽量不要提供两个或多个方案供对方选择。己方的预案和底线当然要有，内部沟通好就好，也可以写出来，但是最好不要拿到台面上。底牌总是要最后才能露出来的。对于方案的条款，也不需要过多的解释，一些重点的、需要提醒对方注意的内容，点到为止即可。大部分这类内容，要放在你的演讲当中，而不要通过PPT落实到纸面。这样可避免你在文字中出现的疏漏，被对方抓住把柄做文章，让谈判陷入被动。

商务谈判就像一款回合制的战棋游戏，团队成员要有分工，谁负责冲锋陷阵，谁负责加血补给，要划分清楚。这种场合，方案的讲述反而是不重要的，只要讲清楚就好。重头戏落在了双方一来一往的交锋上面。

关于商务谈判的分工，《鹿鼎记》中尼布楚条约的签订过程就是很精彩的例子："佟国纲、索额图等听在耳里，初时觉得费要多罗横蛮无理，竟然要以黑龙江为界，直

逼中国辽东，那是满洲龙兴之地，如何可受夷狄之逼？心中都感恼怒。后来听得韦小宝说渴欲打仗立功，以求裂土封王，俄使便显得色厉内荏，不敢接口。再听得韦小宝东拉西扯，什么交换封邑、二一添作五，又是甚么掷骰子划界，每注一千里土地，明知是胡说八道，对方是决计不会答应，但费要多罗的气焰却已大挫。"再来韦小宝又弄了个反间计"周瑜群英会戏蒋干"，之后俄使的锐气全无，各种条款就好谈了。商务谈判就是这样，其精彩曲折之处不亚于一场大戏，很多军事、政治方面的技巧都能用得上。限于篇幅，这里没法展开来谈了，总之一句话，事先确定好要价和底牌，明确哪些能让，哪些不能让，把最好和最差的结果划出线来，清楚了解到对方最想要什么，最怕什么，软肋在哪里，就能立于不败之地。

作为商务谈判的主要演讲人，除了承担一般商务演讲的基本职能外，还有一个职能就是推动节奏。任何商务谈判都会出现陷入僵局的状况，就像中国象棋中的"长将"，双方各执一词，一来一往，永远不会有结果，这时候，主讲人就要负责打破这个僵局。

打破僵局的方法有几种，最积极的方法就是继续出牌，摆事实，讲道理，说服对方。但是在这种情况下，手里要有牌，也就是有各种论据、事实和数据可以用来说服对方。如果你的牌已经打完，依然没有办法说服对方，根据情况，还可以使用威胁和卖惨这两种手段，但是一定要放在适合的场合，

并且掌握好分寸。当以上常规手段都不好使的时候，你可能需要一点心理学的技巧。

所谓谈判陷入僵局，就是进入了一种你说A，我说B的定式，打破这种定式最简单的方法就是停止说话。当然，谈判中突然一言不发会让气氛高度紧张，所以这并不是一个好办法，我们要采用自然一点的方法。"尿遁"或者"手机遁"是最自然的选择。

"不好意思，我上个卫生间。"

"不好意思，我要回个电话。"

这两句话是谈判陷入僵局时的金句。如果主讲人离开的话，对方自然也不会一直说下去。如果你不放心，我方团队中地位居于次席的人也可以借口上卫生间离开，两个人可以在外面碰一下，商量对策。然后次席的人先回，带回一些茶水、点心等食物。人一旦开始吃东西，原来紧绷的节奏就会缓和下来，等主讲人回来，可以先把有争议的地方搁置，继续下面的环节，等最后再谈这个争议问题，可能就会好谈得多。

据说，第九城市在出让股份给EA（美国艺电公司Electronic Arts，NASDAQ: ERTS，简称EA）公司的时候，谈判中在价格上陷入了僵局，第九城市老板朱骏说句我下楼买包烟，便走出会议室。恰好楼下是某品牌豪车的4S店，刚来了一款新车，朱老板一时兴起就试驾起来。等他兜了一圈风回到会议室时，已经等得不耐烦生怕生意黄了的EA代表团立即同意了朱老板的价格。所谓拿捏谈判节奏的高手，正是如此。

6/5

一般性会议的主持

大部分公司都有所谓的例会。一般来说，这种会议的主持人是所有与会者当中职位最高的那一个，少数情况下，也有可能是职位次高的那一个。例会通常是部门主管了解整个部门业务进展的一个重要途径，但是很多管理者却往往并不知道怎样才能主持好例会。

在任何会议上发言，都是演讲，同样遵循演讲的基本原则，例会特殊性在于参与的人数通常比较少，而且大家都要发言，例会主持人需要更关注每一个人的表现。

很多人主持的例会通常是这样的：让每个下属轮流说说这一周的工作进展，以及下一周的工作安排，这些内容通常和之前发出来的工作汇报邮件是一模一样的，甚至有些人根本就是照着念一遍。然后例会主持人再说一些需要上情下达的事情，以及这一阶段的突发事件，如果有重点项目需要讨论或强调的，也会拿出来说说，最后再问一句：

"谁还有什么要说的？"那自然是没有的，然后就散会了。整个会议更像是走过场。

其实，这种一般性会议的主持，最考验的就是控场能力。每个人都是演员，而主持人则像是个导演，虽然话不多，但是要调动起每个人的积极性，挖掘出每个人隐藏在台面下的东西，这样才能成就一场有效率有意义的例会，才能让你对每个人做的每件事都了如指掌。

要想做到这一点，首先要会问问题。很多员工，最怕主管在例会上不断追问自己工作汇报当中的细节，感觉像是在过堂。其实，问问题是主管的职责，他有责任有义务弄清楚下属的工作进展。之所以有很多人觉得像过堂，那是因为大部分主管没有掌握正确的提问技巧。

受欢迎的提问方式通常有以下几种：第一是不耻下问，身居高位的人，最忌讳的就是不懂装懂，端着架子。如果你能做到对不懂的事情刨根问底，就说明你的内心足够强大，同时也会让下属觉得你有亲和力。不耻下问其实并不会让你的下属看不起你，真正让下属看不起的是上司那种不懂装懂，露丑卖乖的行为。所以，有不懂的地方，只要不是特别小白的问题，直截了当地问出来是最合适的。

还有就是要鼓励性地发问，而不是审问性地发问。

"怎么设计了这样一个方案，你是怎么想的？"这样的问题太过中性，很容易引发下属的紧张，让他们觉得这是对他们工作的不满，产生被逼问的不良感觉。

"这个方案很特别，跟大家说说你的设计思路吧？"这样带有诱导和鼓励的提问方式，同样能让你获得答案，但是下属的感受会更好。

此外，我们要具体而客观地表达不满，不要夹杂太多情绪化的东西。譬如说下属的销售业绩没有完成。"第三季度时间已经过半了，销售业绩才完成了35%，这样不行啊，到底是什么原因？你们接下来有什么措施吗？有没有什么需要我来支援的地方？"客观地指出问题，询问问题产生的原因，以及应对的措施，表示可以提供支援，四个步骤行云流水，可以全面掌控当前得状况，也不容易让下属产生负面情绪。

"销售太烂了，时间过半，任务才完成了三分之一，拖了整个部门的后腿，你们打算怎么办？还能不能做好了？！"这样的

话，相信任何人都不爱听。你倒是发泄了情绪，但是对提升销售业绩，提升销售部门的士气没有任何帮助，甚至会起到反作用。

前面提到过的那种最常见的例会方式：你说我说大家轮流说，说完主管做总结，其实是一种很不良的会议模式，容易让员工只关注自己的发言和主管的发言，忽略掉其他人的发言。而例会的目的是要让所有人知道彼此都在做什么，增加同事之间的横向联系，所以，例会主持人要在这方面加以引导。一旦某个人的工作汇报当中涉及到和其他人之间的协作，一定要同时去征询和他协作的人或部门的意见，这样可以让所有人都全神贯注在会议上，提升会议每个环节的关注度，也可以增加小部门之间的互动，让整个大部门运转更加顺畅。

一般性会议的主持，还需要很好地控制时间。一旦遇到某个人的发言过于啰嗦，可以先稍微提醒一下，"这里不用展开了。""简单说说就行了。""请加快点进度。"如果对方依然无法领会这层意思，继续长篇大论，也可以采用直接提问的形式，划出框框来，让对方跟着你的思路去说。这样就可以大大缩减会议时间，从而提高会议效率。

7/5
讨论会的参与及主持

在职场当中，讨论会也是很常见的一种会议形式。主持讨论会，和主持一般会议有很大不同。玩过桌游的人都知道，无论是《天黑请闭眼》《狼人杀》还是一般的"跑团"都要有个主持人，由他去控制游戏进程，引导每一个参与者发言，并且让每一个参与者都得到满足。一个好的讨论会主持人，同样要做到这些。

什么情况下需要开讨论会呢？通常是，有一个问题，我们需要通过集思广益的方式，找到并确定最好的答案或方案。那么，在事前准备的时候，就要先写下这个问题，并且写下你想要的答案或方案的必要条件。譬如，公司要召开一个产品发布会，需要一个具有艺术感的场地，一个与众不同的方案，和产品结合巧妙且成本不高的会议礼品，参加人员在200人以内，整体预算不超过30万。把这些条件列举出来之后，还可以总结一下关键点：一、便宜而特别的场

地；二、结合产品有特殊的创意亮点；三、省钱。把这些内容打印在一张纸上，放在手边，同时也写在白板上，作为会议方向的基本参照。因为讨论会是最容易跑偏的会议，大家七嘴八舌地乱说一通，最终很容易把主题带到奇怪的方向，而把这些基本诉求写下来，就像是船有了舵，有助于让你把大家拉回到原本的目标上面来。

接下来是发送会议邀请。对于讨论会来说，会议邀请要比其他会议重要得多。因为参与讨论会的人可能来自不同部门，不同岗位，对项目的了解程度也有深有浅。因此我们应该假设收到邀请的人对于项目一无所知，所以要在会议邀请邮件当中写清楚项目的全部基本信息，以及我们前面列举的那些讨论重点。同时，如果有相关的资料，一定要作为附件发送，并且明确要求与会者必须先熟悉一下资料，这样才能保证讨论会的效率和效果。

会议开始之后，主持人可以根据讨论内容的需要，先花上几分钟到十几分钟介绍一下项目，这个时间不应该太长，只要把前因后果简单说清楚就好。同样，应该使用PPT，但PPT最好压缩到十页以内，每一页的内容可以多一些。这个PPT是用来记录和说明讨论要点，作为备忘的，并不是要展示你的观点，所以应以简明扼要为上。最后PPT定格的最后一页不应该是"Thanks"，而是要讨论问题的列表，这一页要作为会议流程和会议主题，始终出现在屏幕上，让每个人都能看到。

作为讨论会的主持人，要比一般会议主持更注重控场能力。你需要想尽一切办法，诱导每个人积极阐述自己的观点，提出自己的意见。会议一开始的时候，场面通常会比较冷清，大家都没有进入状态，也不会有太多人主动发言。这时候主持人应该适当点名，针对某个问题，可以先请最熟悉的人发言，譬如讨论发布会场地，就要让公司负责场地选择的人先说话，由他阐述他评估过哪些场地，这些场地因为什么原因不合适等，这样可以避免其他不熟悉这块工作的人盲目提出自己的意见，譬如说某人一直在说A场地如何如何合适，而负责寻找场地的人已经确认过A场地没有档期，这时候打断他发言会很尴尬，容易引起对立情绪，但是不打断他发言的话又会耽误时间。

最熟悉的人发过言之后，可以点名邀请思维最活跃的人或者思维方式最怪的人发言，这两类人都可能发出惊人之语，而惊人之语又最容易引发其他人强烈的赞同或者反对，当赞同和反对的意见对立起来，所有人的表达欲望都会被激发起来，这时候，你就不用担心没人说话了，而且大家的这种积极的表达会互相激荡，碰撞出更好的点子。

当然，过犹不及，太过对立也不是好的现象，如果现场的讨论过于剑拔弩张，对立情绪已经到了接近吵架的地步，主持人则需要站出来为讨论降降温。这时候，最忌讳的降温方式就是主持人发表自己的观点，宣布支持其中一方，这种方式不但不会降温，反而容易火上浇油。

正确的方式是："我来总结一下大家的观点。"

在白板上用简短的语句写下甲方是什么观点，乙方是什么观点，问一下还有没有第三种意见，以及自己写的是否正确。然后在两种观点后面画个表，列出属性值。譬如说，两个不同的发布会场地，可以设定出以下属性值：距离远近，交通是否方便，价格是否合理，空间是否足够，是否有特色，是否便于搭建……我们可以根据实际需求列出几个甚至十几个指标，然后就可以一一比较了。主观地评估两个方案孰优孰劣可能并不容易，但是把两个方案拆分出多种维度，针对某个维度比较好坏，则是很简单的事情。由大家口头下结论，主持人负责记录就可以。每个属性值后面，占优的那个方案画个加号。最后评估下来，如果两个方案相差比较悬殊，那就不用争了；如果不相上下，可以搁置起来，先讨论下面的问题。有时候，下面的问题讨论清楚了，前面遗留的问题也就迎刃而解了。

讨论会的主持，还有一个老生常谈的任务，那就是控制时间。因为每个与会者都要发言，所以讨论会通常比一般会议时间长一些，但最好还是控制在2个小时以内，特别复杂的情况，也不要超过4个小时。你可能需要控制每个人的发言时长，如果有人长篇大论滔滔不绝，要找到他的"气口"去插话，对他的观点做个一句话总结，然后立刻问大家的看法，这样就可以不着痕迹地打断他说的话。当然也可以含蓄一点，提醒他简单点说，对于某些还没有想好就急着发言，表达得磕磕巴巴断断续续的人，也可以说："要不你先考虑一下，整理好观点再说，先听听别人的意见？"

一场讨论会很可能要讨论好几个问题，事先就要对会议时间做出预算，并且为每个问题切割出合理的时间。把这些记录下来放在手边，一旦某个问题超过了预定的时间，应该等当前这个人发言完毕之后，立即做出总结，而后开始下一个问题。除非当时大家讨论得十分热烈，场面处于高潮，即将迸发出很多精彩的想法和火花，这种情况下可以适当延长这个问题的讨论时间。

讨论会结束的时候，主持人应该针对每个要讨论的问题作出明确的总结，如果有些问题已经讨论得很清楚，那就把最终的方案简单写出来，如果有些问题还没有讨论出结果，可以把几种备选方案都列举出来，会后再做决定。如果有更高职位的领导在场，这时候可以请领导来做最终的总结发言。

不要指望一次讨论会能解决所有的问题，很多时候，讨论会不会得出什么结论，而只是丰富了思路。此外，也不要把讨论会的结论作为不可更改的铁则，最终还是需要实际执行人根据需要作出调整，尤其是那些很主观的问题，最终的方案通常和讨论会中大家一致赞成的结果有所不同。

讨论会当中还有一种特殊的类型，叫"头脑风暴"会议，它最适合用来讨论全无要求甚至全无头绪的问题，譬如说一家创业公司，要设计公司Logo，或者核名之前选择备选的公司名字，这时候就最适合进行"头脑风暴"会议。

一次"头脑风暴"会议只适合讨论一个问题，如果你有多个问题要讨论，应该开几次不同的"头脑风暴"会议，并且错开时间。这样可以避免不同问题之间互相影响，否则与会者容易困在一个框框里出不来。"头脑风暴"会议最适合的时间长度是1个小时，如果太短，大家还没进入状态就结束了，意犹未尽；如果太长，则含金量降低，全无效率。

"头脑风暴"会议的目的是尽最大可能搜集各种想法和创意。这种情况下你不需要PPT，一个白板是最合适的。先在白板上写下要讨论的议题，然后就可以开始了。"头脑风暴"会议和一般讨论会最大的不同是只列举方案，不做评论。主持人首先要保证自己不评论，只记录下每一个方案，同时也要及时制止每一个与会者对其他人提出方案的评论。

主持人"绝对不要评论"是一个基本的原则，不管是正面的评论还是负面的评论都不应该出现，类似"真棒！""太好了！"一类夸奖的话也不应该说，因为可能有某个人的观点和你夸奖的方案截然相反，听到你夸奖之后，他可能就不会说出自己的观点了；或者有人觉得那个方案很烂，而你却夸奖了它，他会质疑你的欣赏水平，开始消极对待讨论。

当然，"头脑风暴"会议当中可能会出现冷场，大家的思维同时都卡住了，再也转不动，这时候就可以用到笔记本电脑和投影仪了。随便刷刷微博或者翻翻网页，看看百度热搜或者点开一段视频，浏览几张图也行，怎样都可以。也就是从网上拉进来一段大信息量的资讯，让大家放松下来，随便闲

聊一下，很快你就会发现，思路一下子又被打开了。

"头脑风暴"会议有时候不需要结果，它只是给某些人或某些项目一些点子，在这种情况下，讨论结束就结束了，把白板上的字拍下来，相关人员就可以回去在此基础上做下一步工作。但如果是类似项目名称或者CI设计一类的"头脑风暴"，我们可能需要选定一个或几个方案作为最终结果。这时候可以启动投票机制，每个人两到三票。投票也不要用传统的画正字，不要擦掉白板上的任何原始内容，可以用白板磁贴代替选票，放在相关方案的文字上面，最后计票很方便，也不会破坏原始的讨论结果，至于会议记录，同样可以拍照搞定。要知道，有时候最终选出的所有方案可能都不行，例如企业核名，很可能交上去的几个名字全都没通过，我们还是需要回到这张白板上，选择其他备选的名字，总不能再开一次"头脑风暴"会议吧？所以，不要破坏风暴现场，可以让"头脑风暴"会议发挥最大的价值。

8 / 5

圆桌论坛的参与及主持

在很多大型会议当中，经常会出现圆桌论坛的环节。就是一个主持人加上四五位嘉宾，坐在台上，由主持人提出一些问题，每位嘉宾依次或轮流回答的一种形式。

如果说一般的演讲是单口相声，圆桌论坛就是群口相声。

比起一般性会议，圆桌论坛最大的特征是观赏性。因为一般的会议，尤其是所谓的例会，所有的发言者同时也是观众，而圆桌论坛当中，发言者之外，台下还坐着大量的观众。

比起一般的演讲，圆桌论坛最大的特征就是戏剧性，因为好的圆桌论坛需要所有人的配合，台上所有人都是演员。但是在一个人发言的时候，台上的其他人又兼具了配角和观众的双重身份。和一般的演讲相比，圆桌论坛还具有更大不可控性，因为一般演讲只要按照演讲稿讲出来就好了，而圆桌论坛当中的每个参与者其实是不清楚其他人要讲

什么，这样就不可避免会产生一些冲突，而这些冲突又是观赏性不可或缺的一部分，作为圆桌论坛的主持人，要适当激发这种冲突，同时又要把这种冲突控制在合理的范围内，一方面满足观众对观赏性的需求，另一方面又不会引起参与嘉宾的矛盾和不满。

作为圆桌论坛的参与嘉宾，要做的事情相对简单，一般来说，主办方和主持人都会事先把大家拉到一个群里，彼此认识一下，你也会获得其他嘉宾的一些基本资料。这时候要留意一下其他嘉宾的公司是否是你公司的竞争公司，或者两家公司之间有什么历史遗留的恩怨情仇。如果存在这种有明显"敌对"状况的嘉宾，事先可能要多做一些准备工作，了解对方的背景，演讲能力，以及攻击性，做好现场出现较为激烈冲突的准备。

同时，作为嘉宾，你也会提前获知主持人会提出的问题。事先要对问题做一些准备，如果发现某个问题不妥当，也要及时提

出，要求更换。

一般来说，主持人的问题通常会有三到四组。每组问题有两种类型，一种是同一个问题，要求所有人都回答，例如，"有人说今年是VR游戏的爆发元年，你怎么看这个观点？"

另一种是主持人会在这一组针对每个嘉宾或每个嘉宾所在的公司，提出有针对性的问题，但是整体都是围绕着一个大的主题，譬如围绕"资本寒冬"的主题，针对嘉宾的公司属性和主要业务分别提问"过冬"的方法。譬如上市公司和创业公司，游戏发行公司和游戏开发公司，提问的内容和焦点会有所不同。

后一种问题其实比较容易回答，因为每个公司都不一样，所以彼此的答案肯定不会有冲突，只要结合自家公司的实际情况回答就好。但是前一种问题就有可能会出现比较尴尬的情况，譬如前面发言的嘉宾的回答和你事先准备的答案很相似，这时候就要随机应变做出调整。

如果你对自己的演讲水平比较自信，或者希望自己处于"攻击"状态，可以选择靠边的座位，因为一般来说主持人总是按照座位顺序邀请嘉宾作答，坐在靠边座位上的那个人，不是第一个回答，就是最后一个回答。第一个回答可以把问题回答得相当全面，走别人的路，让别人无路可走；而最后一个回答则非常灵活，可以对所有人的回答做一个总结，也可以针对之前某个人的回答

做出驳斥，总之是可攻可守。而坐在中间的位置，则会在后续的传播照片中位于比较好的曝光角度。几个位置各有利弊，可以根据需要选择。在有的圆桌会议上，背后大屏幕上会打出每个人的照片和资料，这时候通常座位顺序和大屏幕顺序一一对应，便于观众辨识。

一般圆桌会议都会有的一个提问环节就是自我介绍，如果你是代表公司参与会议，切记多介绍公司，少介绍自己。介绍公司第一句话要说清楚公司全称和主要业务，接下来一定要用最突出的数据说话，也就是用一句话给你的公司下一个定义，例如"成立15年""全行业市场占有率第1""世界500强"等等。然后要说说切合这次大会或者论坛主题相关的业务，譬如说游戏方面的大会，要多谈谈公司的游戏业务，其他方面的业务少谈。还可以谈谈公司的业务需求和重点产品，业务需求是给自己公司做一个商务合作方面的广告，而介绍重点产品则是推销方面的广告。一般综艺节目主持人口播广告的价格都不便宜，你这条口播广告能为公司节省不少钱，也是很有意义的。最后，用不超过两句话介绍自己。还是那个原则，自己的名字、职务和负责的主要业务，这是第一句话，自己为什么有资格站在这里，这是第二句话。多余的话不要说。

作为圆桌论坛的嘉宾，坐在台上的绝大部分时间都是在听别人讲，自己发言的时间基本上不超过1/5，那另外4/5的时间里应

该怎么做呢？首先要认真而优雅地倾听其他人的发言，并适当做出反应，如点头、鼓掌等，但不应该太频繁。目光不要一直注视着发言的人，可以在他讲到精彩段落的时候注视他，而其他大部分时间使用"WM大法"扫射台下的观众，要始终保持微笑，姿势不要太僵硬，可以适当变换一下姿态，但不应该过于频繁。

讲个八卦，我见过的最惊人的一次圆桌论坛是在一次和投资有关的闭门会议上。在那个会议上我是演讲人之一，早就讲完了，坐在台下听。大会的最后一个环节是圆桌论坛。嘉宾当中，有个出身著名互联网公司的女投资人，穿着风衣，拎着包，雄赳赳地坐到了台上，整个人把椅子塞得满满的。她在回答主持人问题的时候颇有些心不在焉，甚至思路混乱，有点像宿醉未醒的感觉，这已经显得很不尊重人了。而到了别的嘉宾发言的时候，她竟然拿出手机，浏览了起来。这是我第一次看到圆桌论坛嘉宾坐在台上玩手机，惊得下巴都掉下来了。然而，接下来我看到了更惊人的一幕，这位投资人姐姐竟然放下了手机，挖起了鼻屎！对，你没看错，她在众目睽睽之下挖鼻屎！挖完鼻屎她又很自然地把右手放在脸侧，把鼻屎向右面弹过去，而且不是一下，而是一直在重复这一组动作。可能这一切都是她的无意识行为，此时我甚至有点怀疑她不是太缺少教养就是刚溜完冰。可怜坐在她右侧的那位中年发福的男投资人，一脸嫌恶还要保持风度，身体拼命向右侧倾斜，挣扎着想要躲开鼻屎的袭击。

说完了怎样做好圆桌论坛的嘉宾，再说说怎样做好圆桌论坛的主持人。

圆桌论坛的主持人不仅非常考验一个人的演讲功力，更考验一个人的情商。因为他要平衡方方面面的关系：提问要尖锐，要有内容，让观众满意；同时又不能让嘉宾觉得尴尬，觉得下不来台。要照顾到每个嘉宾的展现机会，又要严格控制时间，还要让主办方满意，让观众不感到厌烦……

大部分专业性的圆桌论坛，都会邀请业内资深人士或者行业记者作为主持人，通常主持人也会参与问题的设计。

在设计问题的时候，首先要注意问题要具有开放性，要让每个人都有话说，从不同角度回答都有道理，要避免那种有既定正确答案的客观问题，免得第一个人说完之后，其他人就没什么可说的了。

其次要注意问题的尖锐性，如果都是那种让嘉宾自我吹嘘的问题，例如"谈谈你们公司上市之后的新战略""说说各位在移动电竞领域的布局"之类的，会很难调动起观众的兴趣，会让整场圆桌论坛索然无味。而稍微尖锐一点的问题，则会让观众觉得有料，例如，"贵司推出的新产品《某某2》手游的市场表现不如一代，请问是什么原因呢？""不久之前，贵司和某某公司因为版权纠纷对簿公堂，是什么促使你们下决心提起诉讼的呢？"

当然，这些看起来尖锐的问题事先都进行过沟通，嘉宾也早有准备。如果想让场面更戏剧化一点，还可以搞一搞问题置换的小把戏。

譬如我有一次做圆桌论坛的主持，其中一位嘉宾是著名漫画家颜开。我事先跟他沟通好的题目是"谈谈漫画工作室的最佳机制，如何解决漫画家和公司利益分配问题？"可到了台上，我说的却是"现在夏天岛的事情闹得沸沸扬扬，他们旗下的漫画家和公司老板天天在微博上撕，严总作为漫画界老前辈，怎么看这个问题？我知道严总也是漫画公司老板，您是怎么处理和漫画家之间关系的？（夏天岛是中国最著名的漫画公司之一，当时正闹出旗下漫画家抱团解约事件）"。当"夏天岛"三个字一出口，我可以感觉到观众的目光刷的一下子全部集中了过来，毕竟在当时这正是风口浪尖上的社会热点事件。我的问题刚一问完，颜开就有了一点意外的表情，当然这也被敏锐的观众捕捉到了。我可以感觉到，在观众内心之中，熊熊的八卦之火开始燃烧，观众会认为我跟他们是一国的，在为他们套八卦。但是，这个问题的答案其实和事先准备好的问题的答案一模一样。颜开一怔之下，也立刻了解了这个意思，自然而然地用事先准备好的答案接了下去。

做圆桌论坛的主持，事先要做好充分的准备工作，除了准备问题和沟通问题之外，还要熟悉每位嘉宾的个人资料和公司资料，除了会议主办方提供的基本资料之外，还要通过搜索引擎多查一些延伸资料。要熟记每个嘉宾的名字、相貌、所在公司和职位，这四样是一点都不能说错的。尤其主办方提供的嘉宾照片经常会被PS过度，或者是几年前的照片，现场一定要和本人对照印证一下。论坛现场可以带着稿子、手卡或手机上台，除了问题之外，还要写清楚这些个人资料的要点。

除了这四样基本资料，熟悉其他资料做什么用呢？主要用途就是去"抬"嘉宾。会议也好，论坛也好，邀请高规格的嘉宾才能彰显会议的高规格，而有些嘉宾虽然声誉、地位很高，但是自己不会吹，自我介绍说得太保守谦虚，这时候你就要用你查到的资料，替这位嘉宾"抬"一下。例如，"某总太谦虚了，其实某总的公司是我市动漫行业的龙头企业，大家在机场和地铁中看到的我市吉祥物×××，就是脱胎于某总公司的主打产品。"熟记资料的另外一个好处就是，主持人可以在嘉宾卡壳的时候帮助嘉宾圆场，能让嘉宾更好地继续下去。这也是圆桌论坛主持人的基本职能之一。

作为圆桌论坛的主持人，着装应该更正式一点，而且是偏商务的正式，而不是偏表演性质的正式。

主持人话不能多，除了问问题，不要过多发表自己的看法。当然，问问题也不要像政治考试试卷中的问答题一样，直截了当问问题，前面要加一些引子，介绍一下问题的前因后果。例如，"去年就有人预言'IP已死'，但是在今年手游市场上，还是大IP的产品占据了排行榜前几名的位置。又有人说'得超级IP者得天下'，请诸位从各自公司业务角度来谈谈，什么是超级IP？您心目中的超级IP是哪一款？"这样的问题就比直接问"什么是超级IP？您心目中的超级IP是哪一款？"好得多。

主持人还有一个重要作用就是双向控制节奏，如果有嘉宾不善言辞，回答得太简短，就要用一问一答的形式，引导他多说话。例如，"贵公司今年即将发售的产品有哪些呢？""据说贵公司去年出品的现象级产品《××××》在海外市场也很受欢迎，目前已经登陆了哪几个国家和地区？成绩如何？"这类问题都是封闭式的客观问题，不存在对方答不出来的情况，同时又能很好地诱导对方多说几句。如果遇到那种啰啰嗦嗦说个没完的嘉宾，主持人就要在适当的时机，寻找一个气口，打断他的说话，"好，张总的见解很独到，下面我们来听听王总的看法。"

还有一种情况是同一个问题问所有人，而第一个发言的嘉宾已经把问题回答得很全面了，或者是前一个嘉宾的回答明显打了后一个即将发言的嘉宾的脸，譬如前一个嘉宾认为移动电竞没有前途，而后一个嘉宾的公司主营业务就是移动电竞。这时候应该注意多察言观色，发现即将发言的嘉宾有不豫之色，甚至有攻击性倾向的时候，可以适当地修改问题，或者把问题引导到另外一个方向上去，避免冲突的发生。这时候切记不能火上浇油，进一步激发矛盾。

还有一个需要注意的小问题，那就是有些场地的扩音设备在设计上有些问题，在台上的人可能听不清台上其他人发出的声音，虽然并不多见，但我也遇到过几次，大多数都是校招的场地，条件比较简陋，唯一一次大型会议是一次科幻文学领域的盛典。这种情况对于演讲来说问题不大，但是对于圆桌论坛来说就有一定的影响，尤其是某位嘉宾听力不佳的情况下。在那次科幻文学的论坛上，刘慈欣就遇到了这个问题，他作为圆桌论坛的嘉宾，坐在离主持人次远的位子上，现场多次表示听不清主持人问的问题。在这种情况下，临时弄个耳返上来肯定不现实。主持人应该做的事情只能是尽量慢而清晰地重复一遍问题，甚至是放下话筒，大声地单独给嘉宾重复一遍问题，更一劳永逸的办法则是请嘉宾换换位子，把听力不佳的嘉宾换到主持人身边，这样就可以简单直接地解决问题了。

9/5

产品发布会的主持

产品发布会是一种非常综合性的会议，其组成结构十分复杂。通常由单人的演讲、多人的采访式互动、视频播放、实物展示或演示、仪式、表演等多种元素构成，而且各种元素之间还会存在穿插，譬如单人演讲中间经常会穿插视频播放和实物展示等。所有这一切，都是靠主持人发出指令，串联起来的。而任何一个环节出了问题，也都需要主持人去圆场。主持人的责任不可谓不重大。

对于发布会的主持人来说，熟记流程是最为重要的，最终的流程表格和串词要多打印几份，放在手边，万一流程有临时的变化，可以及时调整，并用笔标注出来，避免产生混乱。

和熟记流程一样重要的则是熟记每一个上台嘉宾的姓名、相貌和头衔。彩排之前要熟记照片，到了现场之后要和本人再度印证。因为这种会议常常会要求盛装出席，尤其是女士，发型、服装和妆容的变化，会令一个人看起来和平常有很大不同，如果你手头的资料当中只有商务照的话，务必要在现场根据名牌再度确认，如果有疑虑，可以当面询问一下，这样看起来可能有点不礼貌，但是总比在台上出错要好得多。

至于主持人串词，对于发布会来说其实不那么重要，这个舞台首先是给产品的，其次是给嘉宾的，主持人只是一片绿叶，发言要少而精，不求出彩，但求无错，千万不能抢了嘉宾的风头。对于主持人来说，随机应变的能力才最重要，不要把大量精力放在背串词上，一张手卡就能解决问题。

彩排对于发布会来说，比所有其他会议都重要，因为流程复杂，环节众多，通常需要数次彩排。主持人在彩排的时候要注意每个流程的衔接，要熟知到某一个流程，该哪些人员进行哪些工作了。这种熟知要比串词更深一步。譬如要播放产品视频了，串词是"说了这么多，相信大家一定对某某产品很好奇，想知道它的庐山真面目，下面请看大屏幕。"但也许整个发布会有好几段视频，如果总控播放错误，或者一时没有接上造成冷场，你如果了解了更多内容，这时候就有台词可以圆场了，"下面要播放的是某某产品的研发生产过程，我们的生产基地位于天府之国的某某市，两千二百平米的园区，2000名技术工人，500名研发工程师，4年精心打造……"当然，如果流程正常，这些你都不用说，但如果流程出了意外，你总不能干站在台上什么都不说，所以，尽可能深入了解每个环节的背景是十分重要的，不能像个门外汉一样，对产品的各个细节一问三不知。

如果流程出了更大的差错，譬如视频播放不出来，后台死机，重要嘉宾未到或者产品展示设备故障等，你准备好的说辞都说完了，这时候怎么办？适当把下一个环节提前是一种比较好的方法，可以先轻描淡写地跟观众说明情况，"现在，后台正在紧张准备签约仪式需要的道具，请大家先按捺住好奇，听听某某公司的张总是怎样评价这款产品的。"只要不是和大屏幕显示相关的事故，都可以让下一个演讲人上台顶一下。但是如果是找不到视频，或者打不开PPT，或者大屏幕黑掉了等一类显示事故，则不适宜将会用到显示器材的演讲环节提前。这时候可以请一个或两个嘉宾上台，来一个现场采访。主持人只要选择自己熟悉的，并且演讲经验比较丰富的嘉宾即可，几个人一唱一

和，围绕产品即兴发挥，会为处理事故争取到一定时间。

但不管怎样，如果主持人现场更改了流程，就一定要保证全员知情，在更改流程之前和之后，都要反复强调这一点，避免有相关工作人员不了解，从而造成连环事故。

在彩排的时候，还需要注意和现场总指挥多沟通，达成默契。舞台上发生任何状况，都需要请这位现场总指挥协助解决。如果是特大型的发布会，现场总指挥非常繁忙，主持人也可以请一位助理站在台口，作为和现场总指挥之间的沟通纽带。

除了处理舞台事故之外，主持人还要作为舞台的主人，照顾好每一个客人，就是那些上台的嘉宾。这项工作包括：嘉宾的站位提醒，签约仪式的方法步骤提醒，话筒和其他物品的传递，上下台的路线指引等，要让嘉宾有宾至如归的感觉，能自如地完成整场演出。

记得有一部电影的首映礼，主创团队一共七个人站在舞台上和观众提问互动，葛优是其中的一个成员，现场一共只有四个话筒，其中一个在主持人手里，另外三个在七个主创手里轮流。当台下观众提问的时候，主持人会把自己手里的话筒交给提问者，自己手里没了话筒，就无法在观众提问和主创回答之间穿插串场，偶尔插一两句话，所有人都听不清楚。这时候葛优主动走上前去，把自己手里的话筒递给主持人。这样，主持人和观众分享两个话筒，而台上七个主创分

享两个话筒，相对来说就合理多了。这本来是主持人或者说是主办方分内的事情，但是事先没有安排好，却被舞台经验丰富的葛优所弥补。

再来就是老生常谈的控制时间了。发布会由于环节过多，环节之间的穿插过于复杂，最容易超时。主持人一定要确保嘉宾的演讲或者讲话不要严重超时，不着痕迹地打断嘉宾的讲话，或者减少提问就可以做到这一点，主持人加快语速也能起到对嘉宾的催促效果。当然，一味守时也是不正确的，要保证发布会有最好的效果，一定要做到张弛有道，重大信息披露之前一定要有停顿，譬如，"即将发售的这款手机是——某某某某！"在"是"后面一定要拉长音并停顿。而重大环节之前，不仅要有停顿，还要有"三、二、一"倒计时，如剪彩、揭牌、启动仪式等。

另外还需要注意的一点就是现场秩序的维持。如果整个会场内部，同时安排的有茶歇区或者产品体验区，或者是与会人员没有固定的座位，就容易造成人流走动，现场秩序混乱，甚至发出噪音影响到台上的表演。当然，好的发布会策划设计会注意避免这些问题，但这不是主持人所能控制的。主持人能做的只是在现场秩序混乱的时候，要发声提醒大家注意秩序。

还有一种秩序混乱可能更可怕一些，那就是现场有艺人参与的情况。艺人坐在前面，如果没有一个粉丝跑过来要签名，良好的秩序可能还能够维持，但是一旦有一个粉丝跑到前排，很可能会像大堤决口一样，很快便有大量粉丝涌过来。这时候，如果主持人开口提醒，要大家注意秩序，反而会是一种鼓励或提醒，容易造成反效果，令很多之前不知道前排有艺人的观众也跑来凑热闹。这时候应该釜底抽薪，最好是艺人只在相关环节之前出现，进行完他所参与的环节马上走。如果发生了秩序问题，应该走到台口，告知其他工作人员低调处理。

最后，产品发布会是具有商业和表演双重性质的会议，主持人应该穿得更隆重和正式一些，可以在正装的基础上更为夸张，反光面料和亮片装饰的西装都是适宜的，女性可以穿款式相对简单的礼服裙，但要注意款式不要过于暴露，颜色不要过于艳丽。

总之，作为发布会的主持人，一定要眼疾、嘴快、不能停。就像做编织一样，用语言把每一个微小的环节串联起来，才能成就整个发布会的圆满。

10 / 5

年会及表演性会议主持

对于职场人士来说，最常接触到的，带有表演性质的会议就是公司年会了。成为一个年会主持人并不难，下面就跟着我一、二、三学起来。

一般公司的年会，无外乎这样几个环节：领导讲话、表演、抽奖、游戏。主持人工作其实很简单，就是用串词把这些环节串联起来。年会的串词不具备太强的特殊性，今年的串词稍微修改一下明年也能用，甲公司年会的串词照搬到乙公司也没问题。上网稍微搜索一下，关于年会串词的资料也有很多。有了这些参考，写起来并不难。

年会是个喜庆的活动，任何负面词汇都不应该出现，甚至谐音比较不吉利的词也不应该出现，这也是年会和其他会议最大的不同点。再有就是有些公司的大老板可能比较忌讳某个事物或者某个词，那么这些内容也应该注意，总不能当着和尚骂秃子。甚至年会中游戏的名称都可以稍加调整，修改成吉

祥话儿。如果串词当中能够嵌入公司的产品、业绩、愿景、口号和价值观当然更好。年会的串词，要记住一个原则，就是"不求有功，但求无过"，多说多错，少说少错，所以一定要简明扼要。

年会主持还有一个比较特殊的情况，就是主持人数比较多，一般来说，四个主持人是很常见的搭配，也有两个主持人的情况，这就需要主持人之间的默契配合。通常情况下，如果是四个主持人的话，开场和结束时四人同时上台，中间的各个环节两两交错上台，这样可以让主持人充分休息，工作强度不会太大。

由于年会的流程比较固定，环节也很简单，所以很少会出现舞台事故，需要主持人临场发挥的地方也比较少，只要拿好手卡，熟记串词，一般都不会出现什么问题。如果其中某个主持人出现忘词或卡壳的现象，其他人帮忙念一下他的词，也能比较容易地遮

掩过去。

主持人还要注意的一点就是着装。首先，每个主持人上下装应该统一为一个颜色或者一个色系，四个主持人应该是四种颜色，彼此之间区分较大。两个女性主持，可以一个长裙一个短裙，或者四个主持两个西式礼服两个中式礼服，尽量让每个人的特色各不相同。

在站台和走位的时候切记要站在舞台中间，并且每两个人之间的距离均等，可以事先在舞台上粘贴定位标志，另外绝对要注意的一点就是，永远不要让观众看到你的后背。尤其是主持游戏或抽奖的时候，一定要注意！因为公司年会的主持毕竟不像电视主持那样正式，很多时候主持人的衣服都是租来的礼服，难免有不合身的地方，不是用别针别起来，就是拉链拉不上，这些瑕疵绝对不能让观众看到，即使是侧面朝向观众的时候，例如上下台时，也要注意把身体稍微扭转一个微小的角度，从而避免让观众看到你的背部。

抽奖环节是年会中最激动人心的时刻，通常会请公司领导人上台担任抽奖人，这时候要注意安排好顺序。一般来说，要按照职位高低排序，职位高者抽取大奖，职位低者抽取小奖。如果一次抽奖安排两位或两位以上的领导上台，务必要让每个人都有事可做，可以是每个人抽一次奖，也可以是一个负责抽奖，一个负责宣读，总之绝对不能让人上来之后什么都不做就下去了。抽奖装

置怎样操作，每个领导需要抽几次，抽几个人等细节，要等领导上台之后再说明，避免领导在台下的时候由于忙其他事情没有听清楚，上台之后不知道做什么，或者出现差错。领导上台抽奖的时候，主持人应该自觉站在靠边和靠后的位置，把领导突出出来，尤其是台上有多个领导的情况，要留出足够的空间来，避免有些领导被遮挡。

一般来说，抽奖的奖品如果是小奖的话，由于人数比较多，会在会后发或者在会场外设置专门的领奖地点。如果是大奖的话，会让获奖人当场上台领奖。小型的实物奖励，如手机等，可以现场颁发，大型的实物奖励，如汽车等，基本上会发一个证书一类的东西作为替代。这些都要事先安排好流程，不要出差错。

游戏环节是年会主持最困难的环节，最考验主持人的功力。首先，选择游戏十分重要，要选择那些大家都能接受的，积极向上、风趣幽默的，不会让人觉得尴尬的游戏。网上时常爆出有些公司年会的游戏"涉黄"，没有底线，这样的游戏一定不要选。评判标准很简单，你如果觉得小学生来做这个游戏没有问题，那么这个游戏就OK。此外，游戏规则不要太复杂，游戏的时间也不要太长。游戏最好不要考验人的体力、智力、技能和经验，例如"掰腕子""转魔方"等，有些人天生擅长这类游戏，而有些人天生不擅长，这样会打消不擅长的人的参与热情。应该要选取那些每个人都能参与，

都觉得自己有希望获胜的游戏，而不是从天赋条件方面就先淘汰了一批人。所以，年会中的游戏最好是选择那些考验人的配合、速度和反应力的游戏，譬如"击鼓传花""萝卜蹲"等。同时，还应该注意选择规则严密、可控性强的游戏，例如"成语接龙"之类的不可控的游戏就不适合。

对于选定的游戏，要事先经过演练，确定完全没有问题之后，再正式选入。在演练过程中，如果发现有任何问题，哪怕只是演练中的一个小瑕疵，其中一个参与人的一点疑虑，都应该放弃，因为此时的一点点小问题，就有可能在年会中会被放大百倍，成为一个大问题。年会是个喜庆吉祥的会议，容不得半点差错，游戏那么多，总能找到十全十美的游戏，不必留恋一个可能会出现问题的游戏。

主持游戏，一定要详细说明游戏规则，最好把游戏规则在大屏幕上显示出来，这样每个人都能看清楚，一旦有争议也可以作为参照，这样要比单单是主持人口播规则效果更好。如果游戏参与者是台下观众随意上台，人满为止的情况，那么两个主持人应该各守住一个台口，大声报出上台人数，这样会避免出现人数超标的情况。一旦发现人数超标，应劝说后上台的人下台，这时候很考验主持人是否眼疾嘴快。

游戏进行过程中，控场是重中之重，这是整场年会中最需要主持人随机应变的地方，也是最困难的环节。两个主持人应该事先商量好，以一个人为主，另一个人辅助，为主的人主要控制游戏进程，为辅的人主要观察参与者的表现，及时发现破坏规则者，保证游戏的公平性。对于有情绪波动的参与者，譬如输急了玩赖的人，采取鼓励和劝说等方式安抚。遇到冲突的情况应及时化解，并给冲突双方制造台阶。

最后一个要注意的地方就是"社交恐惧症"。有社交恐惧症问题的人在职场中的比例并不低，尤其以技术人员为甚。对于这些人来说，年会几乎就是个酷刑，他们不喜欢年会中的游戏、领奖和敬酒的环节，就想默默看完节目默默吃完饭回去睡觉。这些人多半不会积极参与游戏。但是如果被抽中大奖的话，上台领奖以及发表获奖感言似乎又是不可避免的。很多社交恐惧症患者站到台上之后可能一句话也说不出来，这时候如果主持人逼迫他说话，则有可能造成冷场或者冲突。主持人应该善于观察这种情况，主动替对方圆场。

"抽到了大奖，这位技术部的同事高兴得不知道说什么好了，我们再度以热烈的掌声祝贺这位幸运儿。"说完就可以让获奖人鞠躬下台了。

或者询问一些只要一个字或者一个词就能回答的问题，"恭喜你！抽到了这次全场最大奖，一辆某某轿车，请问你有驾照吗？""有。""那你有车吗？"如果对方说"没有。""那好，恭喜你今天正式成为有车一族！"如果对方说"有"，"恭喜你！从今天开始，你再也不用担心限行了，天天都有车开！"大部分社交恐惧症患者，对于这种一个字的回答，还是没有那么排斥的。实在不行的话，可以请获奖员工的直属领导上台，代为发表获奖感言。这样也可以避免让社交恐惧症患者尴尬。

还有一种更棘手的情况则是，这个人平常看起来没问题，甚至会主动参与游戏，但是游戏的惩罚环节突然触动了他的临界点，造成了他的情绪激烈爆发。

说一个我在公司年会上遇到的真事儿。那时候我所在的公司不大，只有不到100人，年会安排了一些游戏，对于失败者的惩罚是由主持人在他们脸上化妆，描出粗黑的眉毛或者血盆大口等。这本来不是什么羞辱性的惩罚，大部分人都能欣然接受，甚至觉得很有趣。某位看起来很正常的程序员在即将面临这种惩罚的时候，突然大叫一声，连外套都没有穿，手机也没有拿，就冲出了年会现场。当时几个行政人员立刻分头出去找，直到一个小时之后才在一家小餐馆找到醉酒的他，他当时手头有抽奖得来的几百块现金，就出去买醉去了。事后没有人敢再提这件事，大家始终也不明白为什么这种惩罚触到了他的临界点。不过，人的心理是多种多样的，一切皆有可能。我还见过有人对生日会上被抹奶油极端愤怒、情绪崩溃的人。

当一个公司足够大的情况下，各式各样的"怪人"都会有，为了开好一个祥和的年会，不出任何意外，就要求主持人有超强的察言观色能力，一旦发现异常的苗头，应该立刻启动紧急预案，避免事态扩大。祥和，永远是年会唯一的主题，不可不知。

11 / 5

路演、参赛、评选和竞聘

路演其实就是演讲，指的是在公共场所通过演讲的方式演示产品、推介理念，向他人推广自己、自己的公司、团体、产品或者想法的一种方式。总统候选人面对公众演讲也是路演。但是，在中国当前大众创业、万众创新的大背景下，提起关于创业的路演，通常是这样的：一个路演会，安排几个创业者轮流上台，十几分钟的演讲+几分钟的产品展示。下面观众席的前排坐着几个投资人，会对每个创业者进行点评，后面坐着的也有投资人，也有投资行业的其他人等，也有来寻找创业伙伴的人，也有来看看别人表现的创业者……

参赛就很容易理解了，不同级别不同类型的比赛，大部分都少不了演讲的成分，也总少不了评委的点评。整体的流程结构和上面所说的路演十分相似。还有一种情况和比赛比较近似，例如某项荣誉的评选，以及争取优惠政策、扶持基金的选拔。其实讲标和这一节所说的内容也有相似之处，它介于路演和推销之间，没有观众，只有一组评委，但是有潜在的竞争对手。

有些重要的面试和竞聘也会有多位考官出席，也可以归纳到这一类演讲的范畴。还有很多类似的综艺节目，如选秀类和比赛类的节目，其实也都是这种模式。

所以，这一节所讲述的就是这样一种演讲类型，你和你的竞争对手轮流演讲，你要力求胜过他们。下面的评委会对你们的表现做出评判，你应该尽量争取评委的好感。坐在后面的观众也都不是泛泛之辈，他们当中可能隐藏着潜在的商业价值，你同时也要用精彩的演讲去打动他们。

这是一场表演。

请记住，这种类型的演讲是一场更纯粹的表演，因为它有人设。在这类演讲中，你所扮演的角色的人设通常是积极向上，优秀而阳光，充满正能量的一个人。不要说出任何负面词！不好说出任何负面词！不要说出任何负面词！重要的事情说三遍。例如：

"我不知道……"

"我还没有考虑清楚。"

"我觉得我可以尝试一下。"

"关于这一点，我之前没有想过……"

这些话都不应该说，甚至像是"我想……""我觉得……"这样的话都尽量少说。最适合的句式是"我们是……""我们要……""我们会……"这种肯定的、口号式的句子。尤其要注意是"我们"而不是"我"，团队精神要无处不在地表现出来。

在这种场合，穿什么衣服很重要。人与人之间的好感度，是在第一眼之后的十几秒内建立的，这时候你可能还没有开口，评委们只能根据你看上去的样子来决定是否应该把初始的好感分数分配给你。如果你看起来不像一个创业者，而像一个售楼先生或者保险业务员的话，那么投资者凭什么要把真金白银投给你？

和在行业论坛上进行演讲不同，无论你多有名，多有钱，在这种场合，你都比评委低一阶，从着装上也应该体现出来，着装不要居高临下，让评委们产生压迫感。首先你不能穿得太正式，西服三件套在这里不太合适。如果一定要穿西装的话，棉麻质地的、有肘垫的休闲西装可能更适合一些。牛仔裤+衬衫的搭配会让人显得青春阳光正能量。根据场合，你可以穿偏运动类的帽衫或者T恤衫，也可以穿各种休闲感觉的衬衫，只要不是太花哨就行。保守的黑白灰米棕蓝是不会出错的选择，应该尽量避免复杂的款式和艳丽的色彩。宽松的款式也不适合，那样会让你显得不够利落。袖子过长或过肥也有同样的问题，俗话说"撸起袖子加油干"，袖子遮住了手掌，会显得颓废而没有干劲。还有，带有巨大Logo的服装和配饰最好不要选，尤其是奢侈品牌的Logo，不要让评委感觉你在炫富。鞋子也可以稍微偏休闲一些，只要不是全身上下打扮得像要去晨跑就好。女性也是一样，介于职业与休闲之间，简单而有质感的服装是上上之选。

既然选择了偏休闲的款式，那么以什么来体现你对这场活动的尊重呢？秘诀就是"新"，尽量穿崭新的衣服，或者是只穿过一两次的衣服。即使是最简单的白衬衫，只要是崭新的，都会散发出淡蓝色的光芒，让你熠熠生辉。新衣服的折痕可以传达出坚定而自信的感觉，足以表达你对这场活动的重视和对评委的尊重。

服装和发型的选择，应该尽量让你看起来年轻而有朝气，这样也能很好地营造出地位比评委低的感觉。不要染发，藏起你的纹身，除了婚戒之外，最好不要有其他首饰，也尽量不要戴头饰。记住你的人设，清爽阳光的感觉最为重要。如果把握不好分寸，简单一点总没错，能少穿一件衣服就不要多穿一件衣服。穿得太过臃肿会让你显得不健康，苍老而没有朝气。

右页这两张图就很能说明问题。王俊凯

图5-1 王俊凯参加电影学院面试

图5-2 林妙可参加电影学院面试

5.11 路演、参赛、评选和竞聘

和林妙可都是家喻户晓的少年明星，他们同时参加北京电影学院的面试。且不说他们的专业表现，仅从服装上来说，林妙可会稍逊一筹。

我们先来看王俊凯，简单的发型，光亮的发丝，一件相当新的款式简单的白衬衫，只有领子部分有点出位的设计，而这个设计亮点可以巧妙地把人的视线集中在他青春俊美的脸上。请注意衬衫的领扣和袖扣都是扣好的，打造出严谨的风貌，也展现出正式的感觉。衬衫扎在裤子里，显得利落，也让身材显得高挑。一双白得耀眼的运动鞋，给予整个人干净清爽，让迷妹不由得想要舔屏，这样的阳光少年，哪个评委会不喜欢？

再看林妙可，她的外在条件缺陷比较多，一个是身高偏矮，另一个是脸上稚气未脱。她的着装应该尽量避免这两个缺陷，让自己显高显成熟，要让自己看起来像个青春少女而不是小女孩，矮个儿女星有很多，像是朱茵、蔡依林、小S的服装搭配都可以参考。面试要求露出额头，高马尾和高位丸子头都是很有少女感的发型，而林妙可偏偏梳了个很家常的中马尾，显得随便，而且侧发还做了拧转，这种小细节近看还可以，但是四五米之外看，只会让人觉得头发乱，不清爽，进而觉得整个人也不精神。她还选择了一件绒布质感的上衣，有点太厚重了，款式也太偏家常，甚至显老。这种面料本来就容易给人以不干净的感觉，灰扑扑的颜色更让这种感觉雪上加霜，而且也不衬脸色。衣服

或者是旧，或者是版型不好，前襟扭曲，显得胸腹部很臃肿，领子是宽松的半高领，遮住了脖子，更显得人既矮又胖。袖子也过长，遮住了手背，给人以不利落的感觉。这里多说一句，梭织面料比针织面料显干净，平滑面料比肌理面料显干净，精纺面料比粗纺面料显干净。最后的败笔是鞋子，鞋子过大，过于厚重，设计也过于复杂，不仅显矮，更显得脚重头轻。脚踝部位被靴口和裤口堆得满满的，容易让人的视线下移，更夸大了身材不高的弱点。

说完着装，回到演讲现场。

上台一鞠躬，和评委及观众打个招呼，希望得到大家的指点，营造一个谦逊的形象，是赢得好感的第一步。

接下来，演讲顺序也很重要，通常这种演讲会包括两个部分，一个是PPT演讲，另一个是产品展示。那么应该哪个在前，哪个在后呢？这要看你是通过什么形式展示产品。如果是通过视频来展示，最好放在演讲前面，因为视频是声光综合表达，更为具象，能让评委直观了解到你的产品到底是什么？同时也会让评委们产生一些疑问和好奇，从而迫切希望听到你演讲中的解释。视频制作要注意解说和字幕，很多产品本身就是视频或者可以转化成视频，譬如动画产品或游戏产品，这时候很多人就会忽略掉解说词，直接丢一个没有解说只有原音的视频过去，给评委看。

其实这样并不好，不利于评委全面了解

产品。如果怕解说词对原音产生干扰，可以在画面下方打出字幕，对这个视频进行解说。如果是游戏，可以说说游戏类型和游戏特色；如果是动画，可以说说动画的创作历程和设计思路等。如果视频本身的原音没有语音只有配乐，例如某某游乐园的产品视频，某某互联网产品的使用场景等，就适合使用语音解说词了。如果来不及配解说词，演讲者甚至可以现场真人解说。例如，在视频播放的过程中，演讲者配合画面，娓娓道来："这是我们某某单车使用的场景，用户只要扫码、注册、支付，三个步骤就可以骑走它，整个过程不超过1分钟……"

如果产品展示环节是在路演会现场展示实际产品，同时展示效果具备不确定性，需要评委自己去看去操作的，例如VR头盔、机器人、AR内容等，应该放在演讲之后。因为这种展示不可控的因素太多，很可能中间会出状况，例如展示品故障或BUG、评委不会操作等，这将导致现场混乱和节奏拖沓，大大降低评委对你的好感度。如果一开始就进行产品展示，有可能让你好感度归零甚至沦为负数，再想翻身就难了，你的气势和自信也会受到影响。而演讲之后再去展示，有你的演讲内容去打底，一旦发生问题，好感度没有那么容易触底，评委的忍耐度也会更高一些。

这种类型的演讲，就不要使用"WM大法"了，目光要始终落在评委身上。同样，事先也要对评委做一些背景调查，如果条件合适的话，也可以在演讲中套套近乎，例如，"我们这个项目和某总公司去年投过的某某项目很相似，只不过他们的目标用户是孩子，我们的目标用户是老人。"这样一方面能够拉近关系，另一方面也能借着另一个成功项目去提升评委对自己项目的期待值。但是，这种技巧一定要注意分寸，不要给人以拍马屁的感觉，更不要让人觉得你很油滑，尽量做到自然插入。

通常，演讲和展示完毕之后，是评委点评环节。这时候是对你最大的考验。不管评委的言辞多尖锐，不管你心里有多气，脸上始终都要保持微笑。不要反驳或争辩，面对大部分质疑，都可以用官话应对，

"您提出的这个问题我们之前确实考虑得不够充分，后面我们会在这方面加强，希望会后您能给予我们更多的指导和帮助。"——这样一句话，无论什么时候都不会出错。

"可以听得出来，您不是很看好我们的产品，可能是我的表达能力有限，没有讲清楚，今天的时间太短了，会后在您时间方便的时候我邀请您到我们的生产基地做客，我带您深入了解产品，这样会更直观一些，也期待能听到您更多的宝贵意见。"——如果评委过度贬低你的产品或项目，也可以适当反击，但是不要表现出攻击性。

最后，是一些老生常谈的小问题：不要超时，不要攻击其他参赛者，始终保持谦和的态度，即使是装出来的也好。

12 / 5

评委及裁判

在路演、参赛、评选和竞聘这类演讲当中，和上一节相对应的角色则是评委及裁判，或者叫点评专家、面试官，什么都好。总之就是坐在台下第一排的，会对台上演讲者发表一些看法，并且打分的一类人。或者他们还会对台上演讲者有更重要的生杀大权，譬如说决定台上的演讲者当选或者落选，以及是否给他们扶持资金等。

人在职场，做到一定位置，免不了会有机会担任类似角色。譬如我就曾经多次担任各级各类比赛和评奖的评委，有学生的比赛，也有游戏行业内的评选，还有和政府相关的类似活动，也曾多次在游戏行业的"路演会"中担任点评嘉宾。

在这种场合，台上的演讲人是主角，评委及裁判是大配角。评委说话的机会不多，每次也很简短。最特别的是，这个角色只能面对演讲人而背对广大观众。就像小品《主角与配角》中说的那样，背对观众也能抢

戏，这才是真本事。这种情况下，身体语言通常用不上，"说什么"以及"怎么说"就很重要。

一般来说，这类活动通常有两个目的，一个目的是进行选拔或者安排买卖双方对接，另一个目的和其他会议一样，让观众有所收获。作为评委和裁判，在点评的时候，就要同时兼顾这两个目的。

评委和裁判要说的话，通常分为两个类型，其一是提问，其二是阐述自己的观点。下面我一一来说明。

提问主要是针对演讲者没有说清楚的地方，或者是演讲内容当中的明显漏洞和缺陷发问。这种问题在很大程度上不仅代表你自己，也代表观众，如果你问的问题刚好骚到了观众的痒处，台下观众一定会屏息凝神，认真听你提问和演讲者的回答的。

提问还应该专业，一般来说，评委和裁判会有好几个人，针对每一个演讲者，每个

人最多只有一次发言机会，所以不要问那些无关紧要的问题。

例如，"听说你已经是第二次创业了，为什么这么执着啊？"——废话！你只要评价项目好不好就行了，管得着人家几次创业呢？人家考大学复读了两次你是不是也要问问啊？

也不要问那些泛泛的、没有针对性的问题。例如，"如果腾讯抄袭了你的商业模式你怎么办？""如果你融不到钱怎么办？"——这种问题问哪个创业团队都成立，而且有很多套路式的答案，问了等于没问，还显得你没水平。

最后，如果你真的非常内行，可以问一些专业程度极高的问题展示你的水平，但是不要让观众感觉到你在为难演讲者。也就是说，你要对演讲者的专业程度有所了解，如果演讲者是商务出身，你就不要问项目的技术细节了，如果是技术出身，你又恰好精通这方面的技术，可以通过问答营造出高手对决的感觉，就像是高山流水遇知音，能让观众兴奋起来，演讲者也会感激你给了他一个深入展示的机会。

"如果我猜得不错的话，你们使用了谷歌的××××技术（请自行代入某种尖端技术名称）。"

"是的，我们就是使用了这种技术。"

"我看过相关的资料，这项技术有个致命的缺陷，……（请自行脑补，不懂技术的笔者实在编不出来）。"

"是的，这项技术在两年前刚刚发布的时候是存在这个问题，但是上个月刚刚推出的6.0版本已经把这个问题解决了。"

这样的对话，大部分观众可能会一头雾水，但是人人都会产生围观华山论剑的感觉，高山仰止，钦佩不已。

表达自己的观点要简洁明确。你可以批评，也可以表扬，可以先批评再表扬，也可以先表扬再批评，这些都没关系。但无论是批评还是表扬都应该言之有物，具体深入，不应该泛泛而谈。再有就是要注意言辞的分寸，如果演讲者非常腼腆紧张，或者是年龄非常小的学生，应该以鼓励为主，拿出前辈的风范来。如果演讲者盲目自信，态度嚣张，可以适当尖锐一点，打击一下他。只要掌握好分寸，观众会站在你这一边，对演讲者也有好处。

在某个路演会上，我曾经遇到过这样的投资人，一个相当不错的产品，被他喷得体无完肤，一无是处，令路演演讲人站在台上手足无措。其他评委和观众都有点莫名其妙，都觉得他说得有点过了。可谁知道会后这位投资人马上找到这个团队，要求投资，并开出了一个很低的价格。原来他在台前的所作所为都是表演，其目的就是打击团队的自信，以便压价，他其实很看好这个团队。万幸的是团队在台上的表现虽然很软弱，但事后却没有被他迷惑，拒绝了他的投资。这种事情千万不要做，传扬开来，对你的声誉损害很大。

针对你提出的批评，可能会遇到演讲者激烈反驳的情形，这时候你千万不能动怒，毕竟在这种场合下你为尊，他为下，你只要一开口争论，无论最终输赢，你都输了。这时候应该顺着他说。

"你的看法很有道理，但是我的意见也能代表一部分人的想法，希望你们团队能够认真考虑一下。"

"这个问题很有趣，一句话两句话也说不明白，也许你是对的，那等我们下来再好好沟通吧。"

总之呢，对方人在台上，多少只眼睛看着，你总要给人家一个台阶下。而且你作为评委，也是有人设的，为师为尊，千万不可失了身份。

13 / 5

颁奖及领奖

讲完了路演和参赛、评委及裁判，接下来的环节顺理成章地就应该是领奖和颁奖了。作为获奖人，要注意什么？作为颁奖人，又要注意什么？请看下文。

先说说领奖。

领奖是一件露脸的事儿，不管你是代表公司，还是代表个人，都很光荣，所以它需要被隆重地对待。大部分商业场合的领奖和颁奖并不像奥斯卡或者格莱美那样戏剧化——先宣布入围作品，再现场开奖，镜头一一扫过入围的人们，窥伺他们脸上的表情。大多数商业领域的颁奖，获奖人事先都知道自己会获奖。因此，作为获奖人，你不需要过度在意你在台下时候的形象和表现，只要在摄像机扫到你的时候保持优雅就好了。还有，大多数颁奖礼都比较冗长，你要牢记自己的领奖时间，至少要在领奖前的二十分钟内坐在座位上，以便主办方的工作人员能够及时找到你。

如果是很多人同时上台领奖，主办方通常会要求大家按顺序排成队列，如果只有你一个人，也会有礼仪作为引导，上场的环节完全不用担心。如果一个人领奖的话，记住之前踩台环节讲过的内容，要站在舞台中心。如果是一群人领奖的话，同时舞台上没有占位标志，就要左右看看，调整自己的位置，让自己位于左右两个人的中间，不要让自己显得特别突兀。

作为获奖人，着装应该尽可能职业一点，以体现对奖项的尊重。如果是一群人上台领奖，从着装上要让自己存在感更足一些。女性穿着纯色的连衣裙或套装比较适合，颜色尽量选择高纯度或者高亮度的，这样比较容易跳出来。男性可以选择一个装饰亮点画龙点睛，例如鲜艳的领带或者衬衫。个子矮小的人站在高个子中间总是吃亏的，女性可以选择适度露肤，凸显自己的娇小。男性可以适当穿增高鞋，选择显得挺拔的发型。切记服装要尽可能简洁，不要有过于复杂的多件穿搭，例如连衣裙+肌理感披肩+流苏靴+夸张的首饰等，如果再加上奖杯奖牌，会让你看起来像个匈牙利牧羊犬（俗称墩布狗），完全丧失了精明干练的职业感。不管怎样，把背挺直，双腿紧绷都会显得人更高挑，更精神。

领奖的时候，奖品可能有很多种：证书、奖杯、奖牌、鲜花等，而且颁奖人还会跟你握手，这时候千万不能手忙脚乱，如果把奖品掉到地上那就尴尬了。把所有的奖品交到左手稳稳拿好，再和颁奖人握手。这时候一定要记住关于握手的基本社交礼仪：如果作为上位者的颁奖人没有主动伸手，你不要贸然握手，尤其是颁奖人是女士的时候，更应该注意。

颁奖结束后，通常是获奖人和颁奖人会一起合影，这时候听摄影师的安排准没错，然后是下场，按照礼仪的引导来就是。

对于大多数没有演讲经验的获奖人来说，发表获奖感言是最令人头疼的环节。好在你可以事先准备，想好措辞，五六句就行，越少越不容易出错。如果你是代表公司领奖，千万不要提自己，句句话都不要离开公司，最好能乘机做一波品牌宣传。如果你是代表个人领奖，则可以随意一点。有些人喜欢一开口就感谢这个，感谢那个，感谢完了就下台，这样其实并不好，一方面没有个性，观众记不住你，丧失了一个最好的宣传机会；另一方面，感谢这种东西，说少了容易得罪人，你感谢领导了，难道不应该感谢同事？感谢同事了，难道不应该感谢合作伙伴……你要是面面俱到都说全了，又太浪费时间，万一要是漏掉了什么人，又容易招人恨。如果其他获奖人都没说类似这种感谢的话，独独你感谢个没完，会很不得体。所以，在准备获奖感言的时候，不要围绕着感谢来，而是要围绕你的获奖项目，以及这次比赛或评奖的主题来。

下面说说颁奖。

颁奖重在配合，一方面是和获奖人的配合，另一方面是和其他颁奖人的配合，还有是和主持人的配合。

颁奖的流程大同小异，通常是先宣读获奖者名单。如果只有你一个人颁奖，那很简单，拿着主办方的名单念出来就好。事先一定要和主办方确认好名单，如果获奖者姓名中有冷僻字，你拿不准读音，要事先查一下。

记得有一次，我就出了一个乌龙，那次我是临时被安排为颁奖人，上台前一分钟才拿到获奖名单，名单上勾勾画画，写得很乱。那次一共是十个获奖人，但是其中两个人姓名上画着叉叉，旁边写着"没来"。我很主观地认为既然人没来，就不用念了，以免念了十个人，上来八个人，很尴尬。谁知道上台之后，身后大屏幕上会打出全部十个人的资料，而我只念了八个人的名字，反而更尴尬。这就是事先没有沟通好的结果。

宣读获奖人名单，节奏很重要。"下面，我宣布，获得一等奖的是—— 某某某！""下面""我宣布""是"后面的停顿，要一次比一次长。如果获奖人只有一位，"是"之后的停顿可以更长一些。

如果是两个颁奖人，一定要把获奖名单当中的文字横切一刀，一人一半。"下面，我宣布，获得一等奖的是——"这些由第一个人说，获奖人的姓名则由第二个人说。如果有多位获奖者，也可以一人念一半名字。

接下来是正式的颁奖。这个环节要了解奖品上面是有公司或获奖人名字的，还是所有奖品都是一样的。如果是后者，比较简单，闭着眼睛随便发就行，如果是前者，颁奖的时候就要看一下奖品上的文字，和获奖人确认一下再颁奖。通常来说，主办方都会安排好获奖人和礼仪的上场顺序，要求一一对应，但是出差错的状况还是很常见的，很多获奖人没有经验，胡乱站位、过分谦让也会导致顺序错乱，这时候，颁奖人就应该起到控场的作用，调整好他们的位置，保证他们拿到对应的奖品。

如果是两个人给多个人颁奖。最合理的流程是一个人从左边颁起，另一个人从右边颁起，这样效率会比较高，而且两个人不会互相干扰，如果主办方没有安排的话，两人可以商量一下，协调好各自负责的方向。场面上最混乱的情况就是那种两个颁奖人挤在一个获奖人身边，一个颁奖杯，一个颁证书，后面还有礼仪，四个人绕成一团，颁奖人始终背对观众，很不雅观。而且两个人都要和获奖人握手，也容易让获奖人手忙脚乱。

每颁完一个人的奖，颁奖人通常都会和获奖人握手，这时候颁奖人切记要主动伸手，如果获奖人要和颁奖人拥抱，原则上应该配合，不能拒绝。最后的合影，两个颁奖人应该一人站在一侧，同时招呼获奖人向中间聚拢，承担控场的职责。

有的时候，颁奖人也需要发表一些颁奖感言。同样，如果代表公司颁奖，应该多说公司，少说自己，如果代表个人，应该一半说自己，一半说这个奖项。例如我担任过中国游戏制作人大赛业余组的颁奖人，得体的做法是针对这项赛事的意义发言，站在游戏行业资深人士的立场上，对这些崭露头角的年轻人给予鼓励和期许。

14 / 5

出席综艺节目

我这里所说的综艺节目，指的不是《奇葩说》或者《歌手》一类的节目，而是和经管、商业有关的节目，包括求职招聘类、创业投资类，或者财经类、产业观察类、谈话类节目等。现在你看出来了吧，这种节目其实和前面讲过的路演、参赛、评选和竞聘没有本质上的区别。

说没有区别，也不够准确，至少以下几点是综艺节目的与众不同之处。其一是娱乐性。做节目嘛，总是要追求收视率的，所以娱乐元素必不可少，如果不需要娱乐性，倒不如在中关村创业大街架一台摄像机二十四小时直播好了。其次是观众构成不同。除了现场的观众，千里之外电视机前、电脑旁，还有海量的观众。怎样透过屏幕吸引到这些观众，赢得他们的好感，让他们不流失，也是一个摆在你面前的重要课题，而现场的观众反而显得不那么重要了，从某种意义上讲，现场的观众其实也是演员。再来就是电

视节目中，镜头会给你近景和特写，会放大你所有的细节。而众所周知，上镜胖三圈，电视镜头要比你家卫生间的镜子更能凸显你外貌的缺陷。所以，要想保持完美的形象，就更要下功夫。

上电视对于很多人来说还是个大事儿，穿什么衣服就足够纠结半天的了。对于这个问题，建议多听听编导的意见，他们之前做过很多期节目了，对于穿什么颜色的衣服更适合现场的灯光和背景肯定比你更了解。不管多忙，至少要看一集这个节目的往期，大概了解节目流程和嘉宾要做的事，虽然到了现场之后编导也会做说明，但是直观了解一手资讯也很重要。

同时，还要注意嘉宾席的背景颜色，如果座位是高背椅的话，也要注意椅背颜色，和这两个颜色顺色的衣服，是绝对不能选的。如果背景上遍布着闪亮的装饰，那就不要穿带亮片的衣服或闪光面料的衣服。总之

就是一个原则，不要让自己被吃到背景里，或者和背景混为一谈，形成奇怪的笑点。譬如穿了和高背椅同样颜色的西装，椅背看起来像耸起的肩头，显得滑稽可笑。

很多女士对于自己的发型和妆容有自己固定的审美，而节目组的化妆师也有自己的化妆套路，这两者经常形成碰撞，产生矛盾。作为嘉宾，你首先不要轻易否定化妆师的做法，因为他也是给无数人化过妆的人，知道怎样化会比较好看。你可以试着跟化妆师讨论或者提出建议，譬如，"我平常经常用正红色的口红，感觉会比这个颜色更显脸白，从没用过这种玫红色。"但不要直接否定化妆师的想法，因为有的造型在化妆间镜子里看上去不好看，但是和现场灯光发生化学反应之后，在屏幕中看起来会很好看。除非你对造型忍无可忍，否则不要轻易下结论否定，有可能你以前从未尝试过这个发型，但是通过这次做节目，你发现它很适合你，这也是一个不错的收获。

可能很多人都知道，有些综艺节目是有脚本和人设的，但是通常这种重要的表演不会交给你这种打酱油的嘉宾，只是有时候可能需要你的小小配合，按照编导的要求去做就好了，如果你做不来或者不想做，提前说明，以便人家安排别人，千万不要在现场制造突发状况，各种别扭，各种纠结，像个欲求不满的小孩子，最终只能是丢你自己和你所在公司的脸。

在一场综艺节目中，单个嘉宾的表现机会其实并不多，大部分时间都在闲着。但是，站在聚光灯下，就是演出，总要认真一点才好，不要没轮到你说话的时候就拿出手机来看，那样未免太不敬业。也不要有各种抓耳挠腮的小动作。没错，现场有很多人，可能没人注意到你，最终播出的片子也会剪接，看上去这样做似乎没有什么关系，但是如果很多镜头都拍到了你不雅的动作，都被剪掉了，那么你出镜的机会就更加少了。

最后说说最重头的，你的发言。

在综艺节目上，你发言的内容和评委及裁判那一节写的没有什么区别。但是从发言的表现形式来看，可能就有点不同了。综艺节目总希望有看点，有料，有碰撞，同样一段话，要用有情绪、有情感的方式表达出来，这样效果才更好，"我觉得吧……这个项目……其实……可能……换句话说……也还可以……算是不错了……"这种不温不火不咸不淡的说话方式无疑是不适合综艺节目的。

综艺节目的语言表达有自己的套路，首先是关键词前置，先说结论，后说原因。

"很多和你想法一样的年轻人，他们都失败了……"

"你这样做很危险……"

"你根本没有想清楚……"

这样的开头会让人有听下去的欲望，"他为什么这么说？""他为什么这么肯定？"观众免不了会有这样的内心活动，好奇心很容易被调动起来。

再来说说夹带私货。几乎所有的综艺节目都不接受你夹带私货，趁机宣传你所在的公司，连衣服上有Logo都不可以。如果是因为你所在的公司做了广告投放，你才获得了上节目的机会，那么你稍微夹带一些私货不会被阻止，但是要注意点到即止，说太多没有用，会被减掉，而且也会引起在场所有人的反感。但是如果你所在的公司并没有投放广告，那么夹带私货的难度会非常高，最好不要尝试。如果有非常合适的时机，可以不显山不露水地说两句，不要引起节目组的警觉，也许最终会逃过剪刀，计划得逞。

15 / 5

记者群访

一对一的采访叫谈话，不叫演讲；但是记者群访是一对多的采访，就有点演讲的意思了。而且，这还是一种高难度的演讲，为什么这么说呢？那是因为演讲要讲什么，是你自己决定的，而且你可以在事先做好充分的准备。而记者群访当中记者会问什么，你完全一无所知。

尽管如此，在群访之前，必要的准备工作还是需要做的。虽然我们不知道记者会问什么，但是我们知道自己为什么会站在这里，面对记者。无非是几种情况：发布会之后的记者群访；大型活动中安排的记者群访；为解决公关事件而召开的记者发布会。不管是哪一种情况，都有一个主题。针对这个主题，模拟一下记者可能提出的问题，分别准备好答案就可以了。答案不用多，十个足矣，这十个答案基本上可以应付几十种变种问题。尤其是那种应对公关危机的记者会，什么该说什么不该说，要整理成类似白

皮书的文稿。能回答的问题要给出官方答案，不能回答的问题，也要给出官方的应对说辞。还应该有一个分类，那就是"绝对不能说的话"，这些内容要一一列出来，这样才能避免临场说错话，造成更大的损失。

讲到这里，我们有必要去回忆一下第四章的"怎样应对尖锐的提问"一节，那里面写的技巧全部都适用。

下面就拿我自己的经验举一些例子吧。

我刚到一家新公司没多久，在一次大型会议上接受记者群访，有个记者问了一个问题，"听说贵司开展了××××业务，是基于什么考虑的呢？"这个"××××"是一个由四个英文字母组成的头文字缩写，我虽然听明白了，但是真的不知道那是什么，而且当着这么多人的面，我也不好掏出手机来搜搜看。但是，我毕竟代表公司接受群访，总不能说自己不知道吧？于是我问了一句，"抱歉，我没有听清，你说的是哪方面业

务？"这句问话是有技巧的，如果我问的是"抱歉，我没听清，你再重复一遍？"他就会又重复一遍"××××"那四个字母的缩写，我没有获得任何新的信息，这句问话就等于白问了。我问的是"哪方面业务"，对方就要去解释到底是哪方面业务，这样我就能获得新的信息，从而找到可以应对的点。果然，对方又说了一大串有的没的，我还是没听明白，但是我抓住了其中一个关键词，那就是"面向儿童用户"，有这句话已经足够我洋洋洒洒说上十分钟了，"什么计算机要从娃娃抓起"啦，"今天的孩子就是明天的消费主力"啦，"消费意识和消费理念要从小培养"啦，"拥有孩子就拥有明天"啦，"你看QQ的发展历程就可以看出，用户的培育有多重要……"说了一大堆，全是正确的废话，没有一句实打实的内容。然而提问的记者很满意，频频点头。而我又查了一下那个业务，一年前的公司的官方宣传稿中确实提到过，但是后来就没有再继续，而我只来了三个月多一点，当然不可能知道这种我来之前已经取消的项目了。但是在群访当中我应对得体，一点差错都没出。

从这个例子可以看出，记者也是做了功课的，虽然他对我们公司不了解，但是他搜集了一些公司的公开资讯，可能是想走个冷门，结果未免太冷了一点。

在这种群访会上，有些记者其实是不太动脑子的，会提出很多奇怪的问题，譬如说张冠李戴，问肯德基负责人，"'更多选择更

多欢乐就在麦当劳'这首歌你们是怎么创作出来的？"面对这种问题，演讲者虽然心里翻了一千个白眼，但还是要保持微笑。根本不要搭理他的提问就好，直接锁定问题主题来回答，"我们爱奇艺的口号是，青春、阳光、正能量，它的意思是……"不要直接指出他的错误，就当没听见。

还有一种问题是最没脑子的，就是记者在网上搜了别的记者最常问的问题，又问一遍。问题的答案其实就在他看到问题的同一个页面上，他为啥不睁眼看看呢？这样的问题让人怎么回答？照着以前的答案重说一遍？你听不烦我还说烦了呢？标新立异想出新的角度去回答？这也要看是哪一类问题啊！如果是"你对手游产业未来前景的看法？"这类问题，这是能够常问常新的，每次回答都可以完全不同，但是如果是"你在开发《仙剑奇侠传三》的时候，是怎么想到用中药的名称作为主角的名字的？"这种问题，我就不知道能翻出什么新花样来了，只能每次都说同样的答案。

记者群访分为两种，一种是普通的群访，除了电视台不让播的啥都能说，说的时候吹吹自己和自己所在的公司，说的内容有趣一点，多点看点，多点干货，这已经足够了。另一种是危机公关，这种则是除了能说的啥都不能说，只能在划下的范围内回答问题，不能越雷池一步。不管哪一种，都要有问有答，不能僵在那里。只要坚守这个原则，记者群访还是很容易应付的。

16 / 5

培训及授课

培训和授课是另外一种形式的演讲，很明显，演讲者处于上位者位置，听众属于下位者。这种情况下，听众的注意力会更集中，演讲者也更容易控场。而且培训和授课通常时间会比较长，一般为一个小时左右甚至更长，而在大部分会议和论坛上的演讲，时间只有二十分钟左右，从内容上而言，培训和授课要比一般演讲更有深度，容量更大，从而也需要更多的准备时间。

一般来说，公司内部的培训是这样的，一个大会议室，坐着一批人，演讲者在台上讲，这些人在台下听。这种情况和前面讲到的一般性演讲没有什么不同，不是我们这一节要讨论的话题，我们这一节要说的是一些特殊类型的培训及授课方式。

远程教育这几年一直是互联网产业的热点，也吸引了大量的资金。各行各业的资深人士，都不可避免地会涉及到这一领域。这一节就重点说说这方面的内容。

首先说说音频方式的培训和授课。

很多音频平台都有讲座类的音频内容，分为录播和直播两种。录播的相对比较简单，你可以录下来再用软件处理，剪掉说错的地方，调整好音量等，实在不满意的段落还可以重新录制。

直播要注意的地方就比较多了。音频演讲的场合下，你看不到观众，观众也看不到你，他们只能通过你的声音去脑补你这个人，你也只能通过声音去博取好感，所以，声音成了你唯一的武器。每个人的声音条件不同，这是天生的，无法改变，我们只能去改掉那些不好的演讲习惯，让你的声音显得更精致。

首先不要清嗓子！不要清嗓子！不要清嗓子！重要的事情说三遍，要清嗓子就要在直播开始之前去清。清嗓子是一种噪音，而且音量还不小，非常令人反感。如果嗓子实在不舒服，可以准备一杯温水放在面前，一旦有不舒服的感觉就抿一小口，缓缓咽下去，这样对于喉咙不适有一定缓解，而且还不会发出声音让观众察觉到。

其次，前面章节中提到的发音毛病，一定要尽量避免，如吞音、赘字、音量过小等，可以把你的毛病写在一张纸上，放在面前，用来时时提醒。还可以在面前放一面镜子，随时观察自己在镜子中的状态，对着镜子中的你自己授课。只要能保持自己表情和仪态优美，声音也会跟着优美起来。

一般来说，直播都会有互动，及时和听众互动，解决他们提出的问题，也是一种博取好感度的方法。当有听众打赏的时候，一定要读出来表示感激。适当的卖萌或者开开玩笑是很有好处的，照本宣科式的授课会让人觉得你没有存在感，不够真实。加入更多的情绪在演讲里面，哈哈大笑或者加入口癖都有利于拉近你和听众的距离。

另外一种比较特殊的音频直播授课方式是通过微信群进行的，最近好像很流行。微信群直播的好处是可以贴图，PPT的截图或者其他用来说明你观点的图片都可以有。这种直播授课通常会有组织者，而且进群的听众也是通过特定的途径导来的。在授课之前，了解一下听众构成十分重要。譬如我通过这种形式讲过多次IP相关话题的讲授，听众是以电商为主，还是以文化产业从业者为主，抑或是以投资人为主，内容的侧重点是各不相同的。

还有一点需要注意的是，这种直播是通过手机接收的，PPT上面的字一定要大，大到你在电脑上看会觉得忍无可忍的地步，截图后放在微信群里才能不需要放大就能看清楚，这样观众的体验感会好很多。

另外一个小技巧就是每段语音最好都在50秒以上，甚至到60秒自动停止也没关系，因为这种时间限制刚好为你做了一个天然的扣子，能够勾起听众对下一段内容的兴趣。而每段语音过短的话，包含的信息量太少，如果听众听了几段之后，没有发现感兴趣的内容，就很容易流失。

还有一种常见的培训及授课方式是录播视频。

这种情况下，通常是在一个小小的演播间里，一个不太大的屏幕展示PPT，主讲人站在一方地毯上，背后是带有主办公司Logo的背景板。摄像机架在前面固定机位，然后你就可以开始演讲了。还有就是像《百家讲坛》那样，前面一个桌子，演讲者坐在桌子后面，露出上半身，像是在说评书。

不管哪种表现形式，如果是录播的话，中间有错误不是什么大事儿，反正可以剪掉，重说一遍就是，如果是直播的话，那就跟现场面对观众一样了。

这种情况下，你需要事先了解背景板的颜色和地毯的颜色，服装和鞋子不要和它们顺色，要让自己从背景中跳出来。据我观察，这种演播厅通常喜欢用鲜艳的纯色作为背景，那么你服装的颜色就要使用"百搭色"才不会出错，深色西装是比较好的选择，浅色或亮色裙装也不错。镜头有时候会拍到你的全身，所以鞋子很重要，要新，而且颜色不能太跳，不能让观众的视线集中在你的鞋子上而忽略了你的脸。

还有一种培训和授课就是常见的普通直播方式，你自己弄个手机架好，对着手机就可以开始了，这种形式比较随意，也很少会有和商业有关的内容，在此不多赘述。

凡是培训和授课，最后通常都有提问互动环节。这种情况如何应对前面已经讲过多次，这里不再重复了。

17 / 5

导游及导览

有些人可能觉得把导游和导览放在这里有点奇怪。当然，我这里说的可不是带你去旅游品商店买假玉石的那种导游，而是带领政府领导或者重要客户参观公司的那种导游和导览。一般来说，小公司可能不需要考虑这个问题，但是对于大中型公司来说，这种情况还是很常见的。

在一家公司中，导游和导览的职能通常由公关部门担任，但是有些公司也会交给人事行政部门或者党团工等支持部门担任。少数涉及到业务的场合，也会要求业务部门的人员陪同。规格更高的客人，公司一把手亲自接待也不在少数。

由于导游和导览比较复杂，涉及的事务和人员众多，很难规划出一个统一的流程和标准，我们就采用取样的形式来说明。假设来访的客人规格比较高，你是整个接待过程的总负责人，这样讲起来会比较清楚一些。

首先是迎接客人。通常来说，应该至少

安排司机去机场、车站或者酒店接客人，除非客人自己有安排。而你本人应该根据客人的重要性不同，选择在机场、园区门口、楼下大堂或者本层的电梯间迎接客人。原则上不要在本层的前台，只要多走两步走到电梯间，就会显得更真诚。

按照公司传统，你也许需要布置水牌或横幅："热烈欢迎某某某"，不要觉得这样做很奇怪，大部分人都会对这种隆重程度有好感。如果来访客自带摄像团队或者跟着媒体的话，你不需要安排摄影师，但如果没有的话，你至少应该安排摄影师拍摄一些照片，客人和公司Logo的合影，客人和公司领导的合影，还有客人参观的场景，都要用照片记录下来。但是切记一点，在没有征得客人同意的情况下，不能全程录音录像。

很多大型公司都有所谓的"司史陈列室"或者"荣誉室"，来参观的客人首先安排在这里是比较合适的。因为这里有大量的图片文字资料，"公司历史文物"以及各种奖杯奖状等，再配合公司宣传PPT或者视频进行讲解，会让客人有较为全面的感受。然后再安排去办公场所或者生产场所参观，客人才能看得明白，看得有兴趣。譬如先了解到你们公司的某个产品获得了什么大奖，再去看这个产品的生产线，或者和产品的设计者见面，客人才会觉得有意义，这个流程绝对不能反过来。

讲解的要点和一般演讲没有太大不同，注意用词要坚定而有自信，不要有"可能""我认为"这种话，多用陈述句，用词要平实，不要带有太多感情色彩，事先可以看一些纪录片，学习里面解说词的行文方式，或者看看新闻联播也行。要搞清楚客人中地位最高的人是谁，全程要以他一个人作为听众进行讲解，不需要太顾及其他人。

在解说内容选择上也有技巧，首先要凸显你们公司的行业地位，这是最重要的；其次选取的内容角度要有趣，彰显出你们公司的特色，和其他公司的不同之处；最后要

擅长在最重要的客人和你们公司以及公司领导之间寻找共同点，这是导游的基本技巧之一。同乡、校友、同专业、爱好相同等，都可以作为谈资，拉近双方的距离。

如果你们公司的大领导也在场，虽然你是主讲人，也要注意他的反应，为他留出发言空间。

关于赠送商业礼品，要注意价值不要太高，避免产生贿赂的嫌疑。小巧的，有纪念意义的，独一无二的，和公司有强关联的礼品是最合适的。礼品应该由在现场的公司最大的领导送出，这样才显得足够尊重。

最后说说一开始拍的那些照片。应该对照片进行精选，逐一修图之后，冲印出来，同时把电子文件拷贝到U盘里，一起寄给对方。如果同时寄一个相框，里面放上一张精选出来的来宾单人照，那就更得体了。这是最正确的处理方式。其他一切方式都是不合宜的。譬如说不修图，譬如说用微信传给对方，譬如说放到网盘上让对方下载等等。

18 / 5

给外国人演讲

当你在一个行业做到一定程度，就有可能有机会去国外的会议上发表演讲。又或者虽然是国内的会议，但是听众中近半数是外国人，这时候应该注意什么呢？

首先是PPT，除非你英文程度极好，且超过80%的观众都精通英语，否则我不建议你的PPT全部用英文撰写。一方面如果你英文程度没有那么好，会出现一些语法和表达的错误，这将严重损害你演讲的可信度和权威度，尤其是你的PPT上有太多大段文字的情况下，更容易出错。

合理且不会出错的表达方式则是：每一页PPT的标题使用中英文双语。正文当中，专有名词可以使用中英文双语，例如某部电影的名称或者某个专业术语等，这样可以便于现场同声传译迅速而正确地翻译你的意思，PPT尽量多使用图、表，还有图标。也就是说，尽量用放之四海而皆准的视觉符号去表现内容。譬如男女比例这样的内容，使用男女性别图标要比用文字更适合，因为即使你使用了中英文双语，可能还有其他国家的观众看不懂，但是世界上每个人都能看懂图标。

图片的选取也要注意国际化，不要使用只有中国流行的图片或者梗。譬如你需要一张插图去表现手机游戏很受欢迎，那么选择不同种族的人一起玩《部落冲突》或《愤怒的小鸟》的照片，要比一群中国人玩《阴阳师》的照片更合适。如果你要使用表情包的话，姚明的苦笑要比张学友的"食屎啦你"更合适，因为姚明在国际上的知名度更高，且姚明的那个表情不需要放在特定的文化语境中理解，而张学友的那个表情可能会造成其他国家的人的理解障碍。

再来就是演讲使用什么语言的问题。有人在公开场合使用英文演讲，在网络上会招来骂声，说他媚外。但某些商业名人用英文演讲又成了勤学上进的象征。有些官员在国际场合使用中文演讲被誉为大国崛起的标志，而另一些官员同样的做法又被骂没有文化，丢人现眼。总之这个问题有点像"祖孙骑驴"，无论你怎么做，总有人会挑出毛病来，所以不要管那些人说啥，你按照最适合自己的方式去做就好了。

如果你觉得自己英文不错，能够清楚地表达演讲内容，而且演讲经验和心理素质也过关，那么可以使用英文演讲。试讲的时候多找几个外国友人来听听，尤其是那种不怎么懂中文的外国友人和不怎么专业的外国友人，如果他们觉得没问题，那基本上就没问题了。

如果英文不太好，其实完全没必要勉强用英文演讲，用几个月的时间突击英文其实并不能对你的演讲有太多加分。通常这类会议都有同声传译，所以完全不必担心听众听不懂。

当然，同声传译的水平有高有低，所以你要俯下身来去配合他们的工作。一般来说，这类会议都会事先安排你和同声传译做一些沟通，同声传译也会提前拿到你的PPT，你只要把PPT上没有列明的，不太容易理解的要点跟同声传译解释清楚就好。

这种需要同声传译的演讲，PPT上的文字应该稍微多一些，应该尽可能把你要讲的重点写在PPT上，这样，当同声传译没有听清或者没有理解你说的话的时候，他可以从PPT上寻找参考。同样道理，每一页PPT的内容稍微少一些，整个PPT的页数多一些，也会让同声传译能够更清晰地掌握你演讲的条理。

最重要的一点就是，你演讲速度要稍慢一些，每句话都要有个小停顿，每一个段落

图5-3　姚明的表情包被誉为"不加任何文字，都会有很好效果，可以回应任何话"的通用表情包

要有个大停顿。多用陈述句，不要用倒装句。不要反问，不要设问，多用短句子表达一个完整的意思，少用又长又复杂的复句。总之一句话，让你的语法介于中文语法和英文语法之间，就像一些翻译过来的外文出版物那样，这样的演讲方式对于同声传译来说是最容易表达的。

演讲当中具备文化差异的内容，你要多花一点言辞加以解释，这不仅是照顾同声传译，也是要让观众容易理解。但是没有必要完全摒弃中国文化的内容和例子，去迁就洋人。很多洋人对于中国文化有种迷之好奇，有时候使用一些中国元素反而会让他们很兴奋。例如我在韩国游戏开发者大会（KGC）上的演讲当中，甚至使用了单口相声来举例子，台下的老外依然可以发出会心一笑，并没有任何违和感。

后记 / 人生中最重要的 30 分钟

这本书的诞生，其实还是蛮曲折的，中青雄狮出过不少实用工具类书籍，其中有一些是与游戏行业相关的，我也为其中的一些书写过推荐。一来二去，和责编混熟了，他突然提议，"不如给我们写本书吧？"从2014年到现在，我陆续出了五本书，两本小说，三本非虚构，交叉着来的。对于我来说，写非虚构类书的效率是小说的两倍，一般来说，半年出一本没有什么问题，因此邀约也比较多。但是我的兴趣还是在写小说，所以对于这个提议，一开始我是拒绝的。后来实在推不掉，就让责编想个选题，如果我能写，又有兴趣，那就开始干。

选题来来回回也讨论了好多次，最后锁定在演讲上面。我之所以同意这个提议，也跟我书里写到的，某互联网巨头的UE总监的那次演讲事故有关。因为那件事我想吐槽的东西太多，突然就燃了起来，特别有冲动想要动笔。

我的一个朋友，是电台的著名主持人，听说我要写演讲题材的书，笑说"这是抢我生意啊！"对于演讲，我当然没有主持人那么专业，对于撰写PPT，我当然也没有在中青雄狮出过书的，那几个PPT大神那么精通。但是我两边都占啊！在游戏行业从业二十年，大大小小的演讲、讲座也做过几百场，所有的PPT都是我自己写的，而且和授课不同的是，每场演讲的内容都没有重复，算来也可以称得上实践经验丰富了。

我是师范学校毕业的，演讲（或者说授

课）是我的专业技能之一。直到今天，我依然清楚地记得，大四时第一次试讲时的情景：在家里一遍一遍练习紧张得不行，但是一旦正式开始之后，反而不紧张了，一切都很自如，下来之后，又有点紧张，脑子一片空白，想不起自己刚刚说了什么。这大概是每个初次演讲的人共同的感受吧。后来在学校实习，第一学期，每次讲课都是新的，都是挑战，一开始还紧张，但讲着讲着就不紧张了。甚至有一次区教育局领导来听课，离上课还有10分钟，我还在玩Gameboy（任天堂出品的第一代掌上游戏机），带我的老教师说："你怎么一点都不紧张呢？"我回答："有什么好紧张的，都已经习惯了。"

但是，很多职场人没有我这么多的演讲机会，面对重大演讲免不了会忐忑，而且大多数人很难在周围的人当中找到支持。求助同事或上司有点不合适，朋友当中也不一定会有特别擅长演讲的人，网络上找不到可以速成的教材，那些公开的演讲视频不是过于高大上就是完全没有参考价值。这时候你需要一个像我这样的朋友，可以帮你全方位地迅速提升演讲水平。我曾经这样帮助过很多人：让从未公开讲过话的内向木讷的程序员面对上百名同行从容演讲；让项目很好但是表达不行的学生团队赢得比赛冠军……现在这本书可以让我能帮到更多的人。即使是演讲零基础的人，也能毫不困难地使用书中描述的方法，重塑自信，提升自己的演讲效果，这就是我想要达到的目标。

我一直这么认为，读一本书，即使里面只有一句话对你有所启发，或者只有一个方法对你有所帮助，就已经足够了，毕竟你只花了吃一顿快餐的钱和看一部电影的时间。如果能收获更多，将会是更大的惊喜，希望这本书能带给你惊喜，这样我也会同你一样开心。

感谢雪儿为本书提供照片素材。